„Meine Frau ersetzt mir 20 Kühe."

Wir lieben das Landleben.

„Meine Frau
ersetzt mir
20 Kühe."

Sprüche & Zitate
aus Agrarpolitik und Landwirtschaft

DR. DIETER BARTH

Inhalt

Zur Einstimmung ____ 6

1. Bauer sein – kein Job, sondern eine Berufung ____ 8
   „Jäger empfinden Freude" – Jägerlatein & Co. ____ 19

2. „Brüsseler Sp®itzen" – Wenn Verhandlungen
   nichts bringen, müssen Landwirte demonstrieren ____ 22

3. Agrarpolitik – nicht nur durch die grüne Brille ____ 34

4. Frühkartoffeln verspäten sich …
   oder die besonderen Gesetze des Gemeinsamen Agrarmarktes ____ 50

5. Vom Wohlergehen
   der Landwirtschaft hängt das Wohl der Gesellschaft ab ____ 62

6. Am Tropf der Subventionen – das Dauerthema ____ 74

7. Zurück zur Natur – solange noch etwas davon übrig ist.
   Natur- und Umweltschutz aus unterschiedlicher Perspektive ____ 86

8. Alle nur Petersilien-Gurus? – Die alternative Landwirtschaft ____ 98

9. Nie mit einem Landwirtschaftsminister
   zufrieden – was man über die Anderen denkt ____ 106

10. Lebendige Dörfer und keine Schlafstätten
    für pflastermüde Städter – Gedanken über Land & Leute ____ 114

11. Ein toter Seehund hat mehr Öffentlichkeit als die Existenz-
    vernichtung einer Bauernfamilie – Emotionen und Betroffenheit ____ 124

12. Einfach tierisch – Auf drei Bürger kommt ein Schwein ____ 130

13. Gut essen ist praktische Agrarpolitik
    – gegessen und getrunken wird immer ____ 138

14. Welternährung – das größte Problem unserer Menschheit ____ 150

15. Moderne Landwirtschaft –
    Diskussion zwischen Bauernhof und Agrarfabrik ____ 160

Literaturquellen, Personenregister, Bildnachweis ____ 170

Impressum ____ 175

Zur Einstimmung

Aphorismen und Sprichwörter sind häufig in aller Kürze formulierte Lebensweisheiten – nicht selten auch Ausdruck reicher Lebenserfahrung. So bemerkt zum Beispiel der Bonner Publizist Karl Garbe treffend: *„Sprüche lassen sich leichter klopfen als Steine."* Oder: *„Ein Sprichwort hilft bei jedem Ding"*, wie eine Kurzformel verrät. Aber es gibt auch Gegenwind: *„Zitate sind Eis für jede Stimmung"*, hält Schriftsteller Christian Morgenstern dagegen.

Viele Politiker und Prominente des Nachkriegsdeutschlands haben sich – im Wettbewerb um Meinungsvielfalt – pointiert, hintersinnig und tiefgründig zu verschiedenen Themen und Sachverhalten der Land- und Ernährungswirtschaft geäußert. Dazu zählen Politikerpersönlichkeiten wie Bundespräsidenten, Bundeskanzler, Minister oder Führungskräfte aus Wirtschaft, Wissenschaft und Kultur.

Landwirtschaft hat viele Facetten und Berührungspunkte mit fast allen Lebensbereichen – ob Politik, Gesellschaft, Ernährung, Natur oder Umwelt. Die ausgewählten Sprüche und Weisheiten sind zugleich Spiegelbild dieser Komplexität, was auch schon der Titel „Meine Frau ersetzt mir 20 Kühe" zum Ausdruck bringt.

Diese in 15 Kapiteln thematisch gegliederte „Agraritäten"-Sammlung enthält fast ausschließlich Zitate, die im engeren Sinne aus dem Umfeld Agrar-Ernährung-Umwelt stammen und Zusammenhänge, Entwicklungen sowie Hintergründe von Zeitgeschichte & Gesellschaft pointieren.

Besonders hervorzuheben sind die „Heereman-Zitate": Als führender „Agrar-Lobbyist" hat sich Constantin Freiherr Heereman – langjähriger Präsident des Deutschen und Westfälisch-Lippischen Bauernverbandes – über den Agrarhorizont hinaus einen Namen gemacht. Er war in seiner „Aktivenzeit" bekannt als Mann markiger Worte und drastischer Formulierungen. Die zahlreichen „Heereman-Sprüche" haben Wirkung gezeigt und aufhorchen lassen. Wie kaum ein anderer hat er es verstanden, auch komplizierte Sachverhalte der Agrarpolitik mit treffend-verständlichen Worten auf den Punkt zu bringen. Das geschah vor allem anlässlich öffentlicher und berufsständischer Veranstaltungen – so auf Bauerntagen, Verbandstreffen oder landwirtschaftlichen Kundgebungen in Stadt und Land. Aber auch manche Vorgänger und seine Nachfolger wussten die Macht des Wortes für die Interessen der bäuerlichen Familien einzusetzen.

Die Zuordnung der Zitatensammlung ist chronologisch entsprechend nach Sachgebieten und vornehmlich auf die zweite Hälfte des 20. Jahrhunderts fixiert; der Vollständigkeit halber finden auch weitere aufschlussreiche Erkenntnisse vorausgehender und nachfolgender Zeitzeugen Berücksichtigung.

Der Anhang dokumentiert Quellen und biographische Verweise.

Dr. Dieter Barth

Münster, im September 2014

1.

Bauer sein –
kein Job, sondern
eine Berufung

Bauer sein – kein Job,
sondern eine Berufung

Seit jeher waren Bauern und ihre Familien ein eigener Berufsstand – in zurückliegenden Jahrhunderten noch unterschieden zwischen „freiem" und „unfreiem" Bauerntum. Dabei stand Bauerntum nicht nur für den Berufsstand (mit dem Landwirt als Berufsbezeichnung), sondern auch für eine eigenständige Lebens- und Kulturform. Früher war das Bauerntum im gesellschaftlichen Ansehen der niedrigste Stand. *„In den meisten Provinzen von Deutschland lebt der Bauer in einer Art von Druck und Sklaverei, die wahrlich oft härter ist als die Leibeigenschaft desselben in andern Ländern"*, beschrieb Adolph Freiherr Knigge (1752 – 1792) die Situation des bäuerlichen Standes.

Die Idealisierung *„Es ist ein schönes Leben – Ein Bauersmann zu sein – Man braucht sich nicht zu schämen"*, wie sie in einem romantischen Volkslied um 1850 besungen wird, entsprach mehr Wunschvorstellungen und kaum der Realität auf dem Lande. Erst mit der institutionellen Reform im 18. Jahrhundert setzte die eigentliche „Bauernbefreiung" ein, die zur Ablösung der Grundherrschaft und einer neuen Eigentums- und Flurverfassung führte. Die Mehrheit der landwirtschaftlichen Betriebe war jetzt im Eigentum der Bewirtschafterfamilien. Im Vordergrund stand die Auseinandersetzung mit den Problemen einer sich immer mehr industriell entwickelnden Gesellschaft.

Für den Sozialdemokraten August Bebel (1840 – 1913)
lautete die Schlussfolgerung:

*„Von allen Dingen aber ist
die Anwendung von Technik und Wissenschaft
allein imstande, auch den Bauern
zum vollen Kulturmenschen zu machen."*

„Der Bauer ist die erhaltende Macht im deutschen Volke: so suche man denn auch, sich diese Macht zu erhalten!", appelliert der deutsche Journalist Wilhelm Heinrich von Riehl (1823 – 1897) an die Gesellschaft. Und auch Otto Eduard Leopold Fürst von Bismarck (1815 – 1898), preußisch-deutscher Staatsmann und 1. Reichskanzler, bekannte: *„Im Verfall der Landwirtschaft sehe ich eine der größten Gefahren für unseren staatlichen Verband."* Bauerntum und Landwirtschaft hatten in der Folgezeit des 19. und 20. Jahrhunderts immer einen schweren gesellschafts- und wirtschaftspolitischen Stand. Begriffe wie „Strukturwandel" bzw. „Wachsen oder Weichen" begleiteten und bestimmten die Entwicklung der europäischen Agrarwirtschaft ab den 50er Jahren. Die nachfolgende Auflistung von Zitaten soll beispielhaft belegen, was Bauer sein aus der Perspektive von Berufsstand, Politikern und Öffentlichkeit bedeutet.

„Wer Bauer bleiben will, muss Bauer bleiben können."

Dieser These des Bayerischen Ministerpräsidenten Alfons Goppel widersprach Bauernpräsident Constantin Freiherr Heereman im Januar 1970 in Nordenham mit der Aussage:

„Der Strukturwandel ist unvermeidbar. Ziel muss es aber sein, die betroffenen Landwirte und ihre Familien vor sozialem Abstieg zu bewahren."

„Ein landwirtschaftlicher Familienbetrieb besteht in aller Regel aus Mann und Frau und – wenn es gut geht – aus einer geländegängigen Großmutter."

Carl Dobler, Präsident des Bauernverbandes Württemberg-Baden (1968–1989) über Arbeitskräfte und Personalprobleme in der Landwirtschaft

„Eigentumswille und Bauer sind identisch."

Helmut Kohl 1976 (Bundeskanzler 1982–1998)

„Jeder Mensch ist ein Künstler, ob er nun bei der Müllabfuhr ist, Krankenpfleger, Arzt, Ingenieur oder Landwirt."

Joseph Beuys (1921–1986), deutscher Aktionskünstler

„Unsere Landwirte haben die Erfahrung gemacht, dass sie viel stärker von Finanzministern und Notenbankpräsidenten abhängig sind als von Petrus."

Freiherr Heereman 1982

„Wenn jemand Landwirtschaft lernen will, kann ich nur annehmen, dass er in die Politik will. Denn drei Jahre Mist umschaufeln ist eine gute Übung dafür."

Hans Apel (1932–2011), Bundesverteidigungsminister von 1978–1982

„Frauen in der kleinbäuerlichen Landwirtschaft: Wenn's Weiber gibt, kann's weitergehen …"

Buchtitel der Autoren Inhetveen, H./Blasche, M. 1983, Opladen.

„Die Bauern können nicht allein von guter Luft und schöner Landschaft leben."

Freiherr Heereman 1984

„Man kann den Bauern keine Garantie geben, wie sie der Beamte kennt. Aber man muss ihnen den Freiheitsspielraum einräumen, der den Tüchtigen und Fleißigen die Möglichkeit gibt, sich in dieser Landwirtschaft zu behaupten."

Freiherr Heereman (*1931) 1972 in Offenburg

„Bauern haben es über Generationen gelernt, Schwierigkeiten und Schicksalsschläge zu überwinden. Dazu war stets Eigeninitiative und Selbstbehauptungswille erforderlich."

Freiherr Heereman auf der Infoveranstaltung zum Hormonskandal vor Kälbermästern am 14. April 1988 in Oeding/Borken

„Bauern sind nicht das Sparschwein der Nation."

Freiherr Heereman 1983 auf der Agrarkredittagung in Bonn

„Billiger essen, Bauern vergessen –pfui!"

Transparent auf der Bauern-Demo 1984 in Dortmund

„Wir sind ein reiches Land mit armen Bauern."

Freiherr Heereman April 1985

„Was der Bauer nicht kennt, das frisst er nicht. Würde der Städter kennen, was er frisst, er würde umgehend Bauer werden."

Oliver Hassencamp (1921–1988), deutscher Kabarettist

„Die besten PR-Leute an einem außerlandwirtschaftlichen Arbeitsplatz sind unsere Nebenerwerbslandwirte."

Freiherr Heereman 1988

„Die Landwirte sind immer bereit, in die Hände zu spucken und tatkräftig mit anzupacken."

Freiherr Heereman 1989

„Bauer sein, das ist kein Job, sondern eine Aufgabe. Bauern denken in Generationen."

Johann Joachim Borchert, Bundeslandwirtschafts-minister (1993 – 1998)

„Wenn in den letzten 30 Jahren die Zahl der Elefanten von zwei Millionen auf 650.000 geschrumpft ist, dann herrscht große Aufregung. Wenn in der gleichen Zeit die Zahl der Bauern-familien von zwei Millionen auf unter 700.000 hierzulande gesunken ist, nimmt man davon nur wenig Notiz."

Freiherr Heereman auf dem Deutschen Bauerntag 1989 in Würzburg

„Wir wollen keine Landschaftsgärtner und Ökobauern sein, sondern richtige Bauern."

Freiherr Heereman 1990

„Der Bauer will nicht Lohnempfänger des Staates sein. Er will sein Haupteinkommen aus dem Verkauf landwirtschaftlicher Produkte zu einem fairen Preis erzielen."

Freiherr Heereman 1990

„Wir Bauern wollen unsere Ver-braucher doch nicht vergiften."

Freiherr Heereman 1991

„Viele küssen den Bauern, aber keine heiratet ihn."

FAZ am 2. März 1991

„Wir Bauern werden in Zukunft mehr am Schreibtisch sitzen, als dass wir auf dem Acker wirtschaften können."

Freiherr Heereman Mai 1992

„Von Ihrer Hingabe und Leistungsfähigkeit lebt die deutsche Landwirtschaft."

Bundespräsident Joachim Gauck bei der Übergabe der Erntekrone am 4. Oktober 2012

*„Landwirtschaft ist was für ganz Mutige,
für alle, die die Herausforderung lieben,
eigentlich für die Starken in unserer
Gesellschaft."*

*„Wir Bauernfamilien
denken und handeln
generationenübergreifend."*

*„Wir Bauern brauchen Wohltaten, ich sehe
aber nur Missetaten."*

Gerd Sonnleitner, DBV-Präsident von 1997 bis 2012

*„Bauernhöfe sind Wirtschaftsbetriebe von besonderer Art.
Ihre Produktionsmittel sind nicht Schrauben oder Kunststoffteile,
ihre Produktionsmittel sind Wesen aus Fleisch und Blut,
sind die Natur und ihre Jahreszeiten."*

Bundespräsident Horst Köhler auf dem Deutschen Bauerntag 2007 in Bamberg

*„Wir Bauern sind fest
in Politik und Gesellschaft
verankert."*

Bauernpräsident Gerd Sonnleitner 2007

*„Je älter ich werde,
um so mehr schätze
ich die Bauern."*

Paul Keres (1912–1975)

*„Bin Bäuerin – 15 Kühe, 20 Sauen
und drei kleine Kinder. Mein Mann
geht nebenbei arbeiten. Schlafe beim
Melken regelmäßig ein."*

*„Normaler Bauer, 45 Hektar und
100 Sauen – ich höre jetzt auf."*

Westfälische Landjugendliche auf der KJLB-Wintertagung 1989
in Hardehausen

„Bauer bleibt Bauer, selbst wenn er auf seidenem Kissen schläft.“
Dänische Weisheit

„Die Zeiten sind auch nicht mehr das, was sie mal waren. Das spürte ein Lehrer im Rheingau. Vor 20 Jahren heiratete er eine Winzertochter, um vom Einkommen des Weinbaubetriebes besser leben zu können. Heute benötigt er sein Lehrergehalt, um als Winzer überleben zu können.“
Zeitschrift Weinfreund

„Die voluminöse Expansion subterrarer Agrarprodukte steht in reziproker Relation zur intellektuellen Kapazität ihrer Kultivatoren. Übersetzung: Die dümmsten Bauern haben die dicksten Kartoffeln.“
Gesprühte Graffiti-Weisheit

„Das Weingut ist unverkäuflich.“
So heißt es im Testament von Albert Kallfelz, Winzer von der Mosel

„Wir Landwirte legen keinen Wert darauf, auf subtile Weise ausgerechnet diejenigen umzubringen, denen wir unsere Produkte verkaufen wollen.“
Freiherr Heereman zum Vorwurf, die Landwirtschaft hantiere mit zu vielen Giftstoffen

„Fette Beamte – dürre Bauern.“
Chinesisches Sprichwort

„Wo der Bauer arm ist, ist das ganze Land arm.“
Polnische Redensart

„Selbst die dicksten Kartoffeln bieten keine Gewähr für dumme Bauern.“
Karl Garbe (*1927), deutscher Journalist

„Wir Bauern werden wieder gebraucht!“
Bauernpräsident Gerd Sonnleitner, Januar 2007

„Wenn Bauern klagen, geht es ihnen gut.“
Redensart

> „In der Landwirtschaft lernen Sie schon sehr früh Demut. Zum Beispiel, wenn Sie Heu machen wollen: Da kann alles perfekt vorbereitet sein. Wenn es im letzten Moment zu regnen beginnt, war alles umsonst. So lernen Sie Demut."
>
> Heinrich Hiesinger (*1960), Thyssen-Krupp-Chef und Landwirtssohn im Handelsblatt, Juli 2013

„Landwirte, Landfrauen und Landjugendgruppen haben es sich verdient, dass eine breite Öffentlichkeit ihren Einsatz und die Bedeutung ihrer Arbeit für uns alle wahrnimmt."

Bundespräsident Joachim Gauck anlässlich der Übergabe der Erntekrone der deutschen Landwirtschaft am 4. Oktober 2012 in Berlin

„Zieh einen Bauern aus dem Dreck, und er wird dich zum Dank hineinstoßen."

Redensart aus den USA

„Aktiver Landwirt sein, heißt Unternehmer zu sein, nicht auf dem Schlepper zu sitzen."

Karl-Heinz Heckelmann, Leiter des Amts für Ländlichen Raum im Hochtaunuskreis, 2012

„Viele Landwirte sind als Unternehmer sehr erfolgreich, das freut mich und das muss zukünftig auch so bleiben."

Robert Habeck, Landwirtschaftsminister von Schleswig-Holstein, September 2012

„Wer Bauern, Tiere, Bienen quält, wird nicht gewählt."

Demonstrierende Imker auf der Grünen Woche 2013 in Berlin

„Keine Frage, ohne die Mitarbeit seiner Ehefrau würde manchem Landwirt die Arbeit über den Kopf wachsen. Denn Frauen spielen eine völlig andere – unterschätzte – Rolle, als es zum Beispiel der RTL-Quotenrenner ,Bauer sucht Frau' weismachen will."

Pressemitteilung des Rheinischen Landwirtschaftsverbandes am 6. März 2014

„Für Sie als Landwirte ist Leistung keine Körperverletzung."

Philipp Rösler, Bundeswirtschaftsminister auf dem Deutschen Bauerntag 2013 in Berlin

„Öffentlichkeitsarbeit gehört heute zur Jobbeschreibung, wenn man Landwirt werden will."

Werner Schwarz, Präsident des
Bauernverbandes Schleswig-Holstein,
März 2014

„Gärtner und Florist sind die Berufe, die am glücklichsten machen."

Langzeitstudie über Arbeitszufriedenheit,
Huffington Post 2014

„Die von Bauernfamilien getragene Landwirtschaft ist das Rückgrat unserer Ernährung."

Gerd Sonnleitner, Sonderbotschafter
der Vereinten Nationen (UN) zum
Internationalen Jahr der bäuerlichen
Familienbetriebe 2014

„Transparenz und Vertrauen sind die entscheidende Währung im Verhältnis von Landwirten und Verbrauchern."

Angela Merkel,
Bundeskanzlerin, 2013

„Als Politiker muss man melken können."

Gregor Gysi, Fraktionsvorsitzender Der Linken
(war selbst in einer LPG als gelernter Melker aktiv)

„Der ‚aktive Landwirt' ist ein Begriff, der noch in eine Auslegungsliste der EU-Kommission kommen muss."

Christian Schmidt, Bundeslandwirtschaftsminister, 2014

„Ich finde, dass deutsche Landwirte realistische Geschäftsleute mit einem Herz für Natur sind."

„Die Landwirte der Zukunft werden Handwerker, Marktlenker, Genossenschaftler und Geschäftsleute sein – und das alles in einer Person."

Albert Jan Maat, Präsident
des Europäischen Bauernverbandes
(COPA), März 2014

„Jäger empfinden Freude" – Jägerlatein & Co.

Die seit jeher enge Verbindung von Landwirtschaft und Jagd ist auch Quelle für urige Sprüche und Erzählungen, nicht selten mit der unverhohlenen Neigung zum Übertriebenen.

„Auf Tiere könnte ich nie schießen, die müssten schon Selbstmord machen."

Hans-Dietrich Genscher (*1927), dt. Politiker (FDP), 1974–1992 Bundesaußenminister

„Heilpraktiker, Juristen und Jäger teilen ein Schicksal: Sie alle mussten Prüfungen mit hohen Durchfallquoten bestehen, um ihren Beruf ausüben zu können."

Spiegel online 2013

„Ein guter Jäger passt sich dem Wild an."

Gerhard Uhlenbruck (*1929), deutscher Aphoristiker

„Kleine Jäger sind oft größere Tiere als große Elefanten."

Redensart aus Ghana

„Jagd ist nur eine feige Umschreibung für besonders feigen Mord am chancenlosen Mitgeschöpf. Die Jagd ist eine Nebenform menschlicher Geisteskrankheit."

Theodor Heuss (1884–1963), Bundespräsident

„Ich finde es richtig, dass man zu Beginn einer Jagd die Hasen und Fasane durch Hörnersignale warnt."

Gustav Heinemann (1899–1976), dt. Politiker (SPD), 1969–1974 Bundespräsident

„Staatsjagden: organisierter Massenmord an Tieren zur höheren Ehre des Protokolls.“

Frederick IV, König von Dänemark (1899–1972)

„Ich bin froh kein Jäger zu sein. Um auf Jagd zu gehen, muss man einen Stoß Gesetzesunterlagen mitnehmen.“

Hans Eisenmann (1923–1987), Bayerischer Landwirtschafts-minister (1969–1987)

„Jäger empfinden Freude, nicht obwohl, sondern da ein Individuum stirbt, eine Kreatur ein Ende findet.“

Joachim Graf von Schönburg-Glauchau (1929–1998)

„Jagd ist viel mehr als das, was in der Öffentlichkeit wahrgenommen wird. Es geht vor allem um sehr zeitintensive Hege und Pflege.

Ilse Aigner zur Jagd im Interview mit Wild und Hund, September 2013

„Seit meinen ersten Jagdabenteuern weiß ich, Jagd öffnet einen Freiraum für Verbrechen bis zum Mord und sexuelle Lust, wann und wo immer gejagt wird.“

Paul Parin, Neurologe und Psychoanalytiker in seinem Buch „Die Leidenschaft des Jägers“

„Dieses Argument, man jage nur, um zu hegen, das ist unehrlich. Ich will auch Beute machen.“

Peter Harry Carstensen (*1947), Ministerpräsident von Schleswig-Holstein (2005–2012)

„Heute sind die Jäger bei uns und in vielen anderen Ländern dieser Erde die Anwälte eines funktionsfähigen Naturhaushaltes, die die Schätze der Natur in angemessenem Umfang nutzen und auf den Bestandschutz achten."

Franz-Josef Strauß (1915 – 1988), Ministerpräsident in Bayern

„Nix geschossen ist auch gejagt."

Jägerspruch

„Jäger sind Menschen, denen offenbar niemand ausreden kann, dass es für einen Rehbock kein größeres Vergnügen gibt, als von einer Kugel getroffen zu werden."

Brigitte Bardot, franz. Schauspielerin und Tierschutzaktivistin

„Nirgends wird soviel gelogen, wie vor Gericht und nach der Jagd."

Lebensweisheit

„Jagd ohne Hund ist Schund."

Jägerspruch

„Wer einen Treiber erschießt, muss die Witwe heiraten."

N. N.

„Jeder Naturschützer kann kein Jäger sein, aber jeder Jäger muss ein Naturschützer sein!"

„Waidgerechtigkeit merkt man oft erst, wenn sie fehlt."

Jagdweisheiten

Welcome
to
Brusse

2.

„Brüsseler Sp®itzen" –
Wenn Verhandlungen
nichts bringen,
müssen Landwirte
demonstrieren

2.

„Brüsseler Sp®itzen" –
Wenn Verhandlungen nichts bringen,
müssen Landwirte demonstrieren

Deutschlands erster Landwirtschaftsminister nach dem Krieg, Prof.
Dr. Wilhelm Niklas, hatte schon am 7. Februar 1951 in Groningen
verlautbaren lassen, dass die Zukunft der europäischen Landwirtschaft
„ernsthaft in Frage gestellt ist", wenn sich die westeuropäischen Länder
nicht bald auf landwirtschaftlichem Gebiet zusammenschließen würden.
Aber erst mit Unterzeichnung der Römischen Verträge im Jahre 1957 wurde
diese Vorstellung Wirklichkeit. Mit diesen Verträgen begann eine neue
Epoche: Hier wurden die ersten Weichen für eine europäische Handels- und
damit auch gemeinsame Agrarpolitik gestellt, die sich zunächst auf sechs
Mitgliedstaaten beschränkte. Der EWG-Vertrag mit den Kernelementen
Gemeinsamer Markt und Zollunion stellte international ein Novum dar
und etablierte das Fundament der heute tragenden supranationalen Säule
der Europäischen Union.

Brüssel wurde zum Synonym, zum Dreh- und Angelpunkt der Agrarpolitik
in Europa. Trotz der Befürwortung eines europäischen Agrarmarktes mit
Absatzgarantien, Stützpreisen und Außenschutzzöllen konzentrierten sich
in den nationalen Staaten Ende der 60er Jahre auch jene Kräfte, die gegen
den „Protektionismus" in der EWG-Agrarpolitik ankämpften.

Später, in den 80er Jahren der Agrarhochkonjunktur mit Milchseen und Butterbergen, begann das europäische System ins Wanken zu geraten, die Partner auf dem Weltmarkt wetterten gegen die Marktabschottung und Subventionen des europäischen Agrarmarktes – mit Erfolg, denn mit der vom damaligen irischen Agrarkommissar Ray McSharry 1992 eingeleiteten Wende wurden erstmals die Stützpreise für Getreide und Rindfleisch drastisch gekürzt. Es war die beginnende Anpassung an einen weltoffenen globalen Markt – nicht ohne den Widerstand von Europas Bauern.

Freiherr Heereman ging 1991 in die Offensive und kündigte an:

„Wenn Verhandlungen nichts bringen, müssen Landwirte demonstrieren."

In den agrarpolitischen Diskussionen prallten immer wieder Standpunkte, Hoffnungen und Befürchtungen aufeinander. Die nachfolgende Zitatensammlung liefert den Beweis.

> *„Brot und Pille wären für die Entwicklungsländer nützlicher gewesen als verlorene Kredite und moderne Waffen."*
>
> Edmund Rehwinkel (1899–1977), Präsident des Deutschen Bauernverbandes von 1959–1969

„Die Zukunft der europäischen Landwirtschaft ist ernsthaft in Frage gestellt, wenn sich die westeuropäischen Länder nicht bald zu einem Zusammenschluss auf landwirtschaftlichem Gebiet zusammenringen."

Wilhelm Niklas, Bundesagrarminister 1951

„Wenn wir auf der einen Seite, bei den Zöllen, nicht vorankommen, wird es natürlich auch auf dem Agrarsektor nicht weitergehen."

Staatssekretär Rolf Otto Lahr (1908–1985), 1963 bei den EWG-Verhandlungen in Brüssel

„Die Europäische Gemeinschaft ist eine Molkereigenossenschaft mit dem einzigen Ziel, die deutsche Kuh zu melken."

N. N.

„Nie wieder"

Sicco Mansholt meinte damit die 1970 begonnene Abschlachtung unter Europas Kühen. Noch im Vorjahr hatte Brüssel entschieden, mindestens eine Viertelmillion Kühe mit dem Ziel abschlachten zu lassen, den EWG-Milchüberfluss zu stoppen.

„Als Wirtschaftsgemeinschaft können wir es uns nicht leisten, die Einfuhrlücken durch eigene Produktion aufzufüllen. Wir würden dann politisch in der Welt in eine sehr schlechte Lage kommen."

Sicco Mansholt (1908–1995), niederländischer Landwirtschaftsminister (1945–1958) und EG-Kommissar für Landwirtschaft (1958–1972)

„Es gibt keine Alternative zur EG."
Freiherr Heereman 1984 in Bremen

„Agrarpreise müssen endlich unabhängig von währungs- und handlungspolitischen Entscheidungen festgesetzt werden. Zu einer vernünftigen Agrarpolitik gehört eine Preispolitik, die an den Kosten orientiert ist."
Freiherr Heereman 1971

„Eine Zollunion hat es nun einmal so an sich, zuerst für die eigenen Leute – in diesem Fall für die Landwirte – zu sorgen."
EWG-Vizepräsident Mansholt

„Wachsen oder weichen."
Altbekannte Formel für die Landwirtschaft, die Sicco Mansholt 1968 aufstellte.

„Wir werden versuchen, diese heilige Kuh ein wenig auf Sparration zu setzen."
Erwin Lange (1914–1991), Mitglied des Europaparlaments (1970–1984), zum EG-Agrarhaushalt

„Die EG hat nicht nur Berge verursacht, sondern die Gemeinschaft der jetzt zehn Staaten hat uns zu drei Jahrzehnten des Friedens verholfen."
Freiherr Heereman auf der Internationalen Grünen Woche 1981 in Berlin

„Und ist es auch Wahnsinn, so hat es doch Methode."
top agrar-Titel zur Magermilch-Bürokratie, „Wat' ne Wirtschaft!"

„Die Europa-Idee liegt tief unter einem Berg von Butter, von Rindfleisch, von Magermilchpulver und Schweinefleisch."
Franz-Josef Strauß (1915–1988)

„Ich glaube nicht, dass man die deutschen Zahlungen im Rahmen der EG einseitig sehen darf, man muss auch die Leistungen der EG dagegenstellen."
Josef Ertl (1925–2000), Bundeslandwirtschaftsminister (1969–1983)

> *„Kiechle, Kohl und Stoltenberg sind mit ihrer Landwirtschaftspolitik fast zu tragischen Figuren geworden."*
> Der Spiegel 28/1987

„Eine Agrarpolitik zum Gruseln."
Erich Thiesen (Rendsburg),
Agrarjournalist im März 1989

„Die jetzige Agrarpolitik läuft darauf hinaus, dass der bäuerliche Betrieb unter die Räder kommt."
Freiherr Heereman 1988
beim Kamingespräch mit Journalisten
auf der Surenburg in Hörstel-
Riesenbeck

„Bislang ist die Landwirtschaft die einzige politische Klammer Europas gewesen. Besonders die deutschen Landwirte, die Musterknaben der EG, haben große Vorleistungen und Opfer auf dem ‚europäischen Altar' gebracht."
Freiherr Heereman im November 1988

„Die Lebensinteressen der deutschen Landwirte verlangen ein konsequentes und hartes Auftreten in Brüssel."
Freiherr Heereman 1987 auf der Int. Grünen Woche in Berlin

„Mit sinnlosem Preisdruck soll die deutsche Landwirtschaft für die Unfähigkeit und die Entscheidungsunwilligkeit in Brüssel bestraft werden."
Freiherr Heereman im März 1987 auf der Bauern-Demo in Münster

„Die wichtigste Forderung der deutschen Bauern im Rahmen der EG-Harmonisierung ist eine EG-einheitliche Währung. Wer jetzt 100 DM durch alle 12 Währungen der EG durchwechselt, dem bleiben am Ende ganze 28 DM übrig. Deshalb fordert der landwirtschaftliche Berufsstand: Schafft die Währungsunion, sonst wird die deutsche Landwirtschaft geschafft."
Freiherr Heereman im November 1988

„Es ist leichter, 100 Uhren in Einklang zu bringen als 12 EG-Länder."
Freiherr Heereman 1988

„In der Agrarpolitik werden dicke Bretter gebohrt, da ist mit Wunschdenken nichts zu erreichen, sondern nur mit realistischen Fakten."

Freiherr Heereman 1988

„Es gibt keine Alternative zur EG, trotz aller Schwachstellen und Kümmernisse, die uns die Brüsseler Agrarpolitik in den letzten Jahren beschert hat. Selbst unser Schimpfen auf Brüssel und die Agrarpolitik der EG-Kommission ist ein Bekenntnis zu Europa."

Freiherr Heereman 1990

„Wer in der EG-Agrarpolitik nicht an Wunder glaubt, ist kein Realist."

Freiherr Heereman 1992

„In den neuen Bundesländern wurde gerade das Apparatschik-System abgeschafft, aber durch die EU-Kommission ein neues aufgebaut."

Freiherr Heereman 1990

„Was die EG-Behörde in Brüssel beschlossen hat, wird in Italien zur Kenntnis genommen, in Frankreich auf die lange Bank geschoben und im Bundesgebiet preußisch exakt umgesetzt."

Freiherr Heereman 1990

„Es war ein Geburtsfehler der europäischen Integration, dass zwar die Landwirtschaft einer Gemeinschaftspolitik unterworfen wurde, nicht aber die Wirtschaft und die Währung."

Freiherr Heereman 1995 auf einer Bauern-Demo in Bonn

„Im Hinblick auf den Slogan ‚Milch fördert die Lernfähigkeit' sollte die EG-Kommission mehr Milch trinken."

Carl Dobler, Vizepräsident des Deutschen Bauernverbandes und Präsident des Bauernverbandes
Württemberg-Baden (1968–1989)

*„Das Einzige, was sie für die europäische Land-
wirtschaft getan haben, ist der Rinderwahn."*

Jacques Chirac (*1932), Französischer Staatspräsident (1995–2007)

„Der Verlauf staatlicher Grenzen ist nicht länger Zankapfel zwischen entwickelten Staaten, schon deshalb, weil der Besitz von Territorien längst nicht mehr so wichtig ist wie noch vor hundert Jahren, als er für die Versorgung mit Nahrungsmitteln und Rohstoffen entscheidend war. An Nahrungsmitteln haben wir keinen Mangel mehr, sondern einen problematischen Überfluss."

Roman Herzog, Bundespräsident (1994–1999) am 24. Oktober 1998
in Münster

„Bauern zum Bleiben motivieren, Umwelt erhalten und ländliche Räume entwickeln."

Raymond MacSharry (*1938), irischer Politiker
und EU-Agrarkommissar (1989–1993), zu den
Zielen der Gemeinsamen Agrarpolitik

*„Es ist schon eine Zumutung, wenn man sich mit Agrar-
politik befassen soll. Es bewegt sich nichts, und wenn, dann in die falsche Richtung."*

Freiherr Heereman 1992

*„Landschaftspflege, Umwelt-
schutz, die ökonomische und ökologische Stabilität der ländlichen Gemeinden, das sind neben der Erzeugung gesunder Nahrungsmittel und nachwachsender Rohstoffe genau jene gesellschaftlichen Ziele, die in den nächsten Jahren unser wirtschaftliches und politisches Handeln bestimmen."*

Franz Fischler, EU-Agrarkommissar 2000

*„Die Geschichte der EU-
Agrarpolitik ist bisher keine Erfolgsgeschichte."*

Arbeitsgemeinschaft bäuerliche
Landwirtschaft 2011

„*Interessenvertretung und Wissenschaft – da sind Spannungen nicht zu vermeiden. Das gilt erst recht, wenn es um Agrarpolitik geht.*"

Stefan Tangermann, Präsident der Wissenschaften zu Göttingen

„*Wir rühmen uns, dass wir die besten Semmeln der Welt haben, aber wir sind nicht imstande, auch nur eine Semmel über die Grenze hinaus zu liefern.*"

Franz Fischler

„*Vernunft gilt nicht, wenn es um finanzielle Interessen geht. Bei den Agrarreformen 1992 und 2000 ist man genau an diesen Partikularinteressen gescheitert.*"

Lutz Ribbe 2002

„*Die gemeinsame Agrarpolitik muss grüner und gerechter werden.*"

Dacian Cioloş, EU-Agrarkommissar 2012

„*Die EU-Agrarpolitik ist weder ökonomisch akzeptabel, noch ökologisch verträglich noch sozial gerecht. Und eine Übertragung dieser veralteten Agrarpolitik auf die Länder, die in die EU aufgenommen werden wollen, ist weder finanzierbar noch aus ökologischen oder sozialen Gründen zu wünschen.*"

Lutz Ribbe 2002

„*An einer stärkeren Marktorientierung der gemeinsamen Agrarpolitik der EU führt kein Weg vorbei.*"

Ludolf von Wartenberg, Hauptgeschäftsführer des Bundesverbandes der Deutschen Industrie (BDI) im Juli 2002

„*Die Landwirtschaft muss der gesellschaftlichen Nachfrage nach mehr Umweltschutz, Landschaftspflege und einer nachhaltigen und transparenten Produktion von Nahrungsmitteln und nachwachsenden Rohstoffen Rechnung tragen.*"

Franz Fischler 2000

„*Nicht umsonst heißt der Gang im EU-Haus, wo die Länder alle ihre Büros haben, ‚Straße der Intrigen'.*"

Franz Fischler (*1946), österreichischer Politiker, EU-Agrarkommissar (1995–2004) 1997

> *„Es gibt in der Ernährungswirtschaft schwarze Schafe, und die sollten auch benannt werden dürfen."*
>
> Renate Künast, Bundeslandwirtschaftsministerin, 2005

„Statt sich auf den größten Binnenmarkt der Welt – die EU – zu konzentrieren, wird weiterhin auf Export-Dumping in Entwicklungsländer gesetzt. Mit Steuermitteln sollen die planwirtschaftlich erzielten Übermengen dann auf den Weltmarkt verschleudert werden."

Mute Schimpf vom Hilfswerk Misereor 2008

„Landwirtschaft in Europa leistet viel und kostet wenig. Wir brauchen auch nach 2013 diese starke Agrarpolitik."

Bauernpräsident Gerd Sonnleitner, Mai 2010

„Wir müssen wieder zu einer Flächenbindung der Tierhaltung kommen, bezogen nicht nur auf die Gülleverwertung, sondern auch auf die Futtergrundlage."

Bernd Voß, ABL-Bundesvorsitzender, 2013

„Das geplante Freihandelsabkommen zwischen der EU und den USA darf nicht zulasten deutscher Verbraucherschutzstandards gehen. So muss importiertes Hormonfleisch aus den USA im hiesigen Handel gekennzeichnet werden. Das ist das Mindeste. Auch die Kennzeichnungspflicht für gentechnische Lebensmittel muss beibehalten werden."

Bundeslandwirtschaftsministerin Ilse Aigner im Juni 2013

> *„Landwirtschaftliche Erzeugnisse und Wissen werden das neue Erdgas oder Erdöl Europas sein – eine strategische Ressource."*
>
> *„Wir müssen sicherstellen, dass wir unsere europäischen Tierhalter nicht dem Freihandel mit den USA opfern, solange wir für US-amerikanisches Fleisch keine klare Verpflichtung auf ähnliche Tierwohl-, Tiergesundheits- und Umweltstandards bekommen."*
>
> Albert Jan Maat, Präsident des Europäischen Bauernverbandes, 2014

„In den vergangenen Monaten habe ich viele Briefe von Milchbauern erhalten, die mich um Hilfe gebeten haben, weil sie angesichts der verfallenden Erzeugerpreise für Milch um ihre Existenz fürchten. Die Briefe sind mir nahegegangen. Die Betroffenen wissen oft nicht, wie es für sie weitergehen soll.“

Horst Köhler, Bundespräsident (2004–2010), bei Überreichung der Erntekrone am 29. September 2009

„Der zunehmende Rückzug der EU beziehungsweise des Staates aus der aktiven Markt- und Preispolitik stellt eine besondere Herausforderung für das Risikomanagement der Agrarbetriebe dar.“

Uwe Fröhlich, Präsident des Bundesverbandes der Deutschen Volksbanken und Raiffeisenbanken (BVR), Dezember 2013

„Die EU-Bürger betrachten die europäische Landwirtschaft als wichtiges Thema, wissen aber relativ wenig über sie.“

Eurobarometer-Befragung im Auftrag der Europäischen Kommission 2014

„Die eigentlich große Frage ist, ob Frankreich an der privilegierten Stellung der Landwirtschaft festhält oder nicht.“

Hans-Olaf Henkel, ehemaliger BDI-Vorsitzender, zum geplanten Freihandelsabkommen zwischen EU und USA, September 2013

„Für uns Landwirte ist Europa von großer Bedeutung.“

Joachim Rukwied, Präsident des Deutschen Bauernverbandes

„Wenn die Kommission eingegriffen hat, war's immer schlecht, das hat meist dazu geführt, dass die Bauern weniger Geld hatten.“

Bauernpräsident Joachim Rukwied auf dem Deutschen Bauerntag 2013 in Berlin

„Die europäische Agrarpolitik ist auf dem Weg zur Nachhaltigkeit, hat aber noch eine ziemliche Strecke des Weges zu gehen.“

Franz Fischler 2013

3.

Agrarpolitik –
nicht nur durch
die grüne Brille

3.

Agrarpolitik – nicht nur durch die grüne Brille

Die Landwirtschaft nach dem Zweiten Weltkrieg stand in der Bundesrepublik Deutschland unter den Vorzeichen des Wiederaufbaus und der Produktionssteigerung.

Die Autoren Adolf Weber und Wilhelm Meinhold halten in ihrer Veröffentlichung „Agrarpolitik" die Auswirkungen der Marshallplanhilfe fest:

„In den Westzonen (landwirtschaftliche Nutzfläche 14.039.000 ha) waren bis zum Sommer 1948 die Einfuhren an Lebensmitteln, Düngemitteln und Saaten ausschließlich von den Besatzungsmächten zur Verfügung gestellt worden."

Nach der Währungsreform am 20./21. Juni 1948 setzte die eigentliche „Erzeugungsschlacht" in der deutschen Land- und Ernährungswirtschaft ein. Die vorrangige Aufgabe der Agrarpolitik bestand darin, die Landwirtschaft bei ihrem Anpassungsprozess an die fortschreitende Industrialisierung zu unterstützen und beim agrarstrukturellen Wandel zu begleiten. Der mechanisch-technische Fortschritt ersetzte menschliche wie tierische Kräfte durch Traktoren und Maschinen. Allein von 1950 bis 1970 kletterte die Zahl der Traktoren hierzulande von 100.000 auf 1,4 Millionen, verringerten sich gleichzeitig die Arbeitskräfte in der Landwirtschaft von 5,1 auf 1,8 Millionen. Die eigentlichen Ziele der deutschen Agrarpolitik wurden 1955 im Landwirtschaftsgesetz festgelegt, dessen Grundsätze noch bis auf den heutigen Tag gültig sind. So soll die Landwirtschaft u. a. an der fortschreitenden Entwicklung der deutschen Volkswirtschaft teilhaben, ihre Produktivität steigern und die Versorgung der Bevölkerung mit Ernährungsgütern sicherstellen. Dabei sollen naturbedingte und wirtschaftliche Nachteile gegenüber anderen Wirtschaftsbereichen ausgeglichen und die sozialen Rahmenbedingungen der Landwirte an die vergleichbarer Berufsgruppen angeglichen werden. Im „Agrarbericht" werden jeweils die kurz- und mittelfristigen agrarpolitischen Ziele dokumentiert.

Die Bundesregierung hatte die nationalen Interessen der Landwirtschaft zu vertreten und sich natürlich besonders mit den Vorstellungen bzw. Forderungen des landwirtschaftlichen Berufsstandes auseinanderzusetzen, vertreten durch den Deutschen Bauernverband mit ihren Präsidenten an der Spitze. Dabei versuchen die landwirtschaftlichen Interessenverbände ihre Ziele gegenüber anderen Gesellschaftsgruppen durch Einflussnahme auf den politischen Willensbildungs- und Entscheidungsprozess durchzusetzen, ohne selbst die unmittelbare politische Verantwortung zu übernehmen. Vor dem Hintergrund dieses agrar- und gesellschaftspolitischen Spannungsfeldes sind die Sprüche & Zitate von Zeitzeugen aus unterschiedlichen Lagern und Herkünften zu bewerten, und zwar *„Nicht nur durch die grüne Brille"*, wie der Titel eines 1981 von Freiherr Heereman verfassten Buches lautete.

„Wir müssen eine Landwirtschaft für die Jugend aufbauen, denn die Jugend wird uns in 15 Jahren fragen, was wir geschaffen haben."

Freiherr Heereman, Int. Grüne Woche 1970

„Agrarpolitik ist handfeste Sozial- und Gesellschafts-politik."

Freiherr Heereman 1982

„Die Landwirtschaftspolitik ist ein integrierter Bestandteil der Gesellschaftspolitik."

Bundeskanzler Helmut Schmidt in seiner Regierungserklärung vom 17. Mai 1974

„Die Betriebswirtschaft ist nicht das richtige Instrument, um soziale Agrarpolitik zu betreiben."

Freiherr Heereman 1977

„Wenn die deutsche Wirtschaft bis zum Jahre 1952 eine ausgeglichene Handelsbilanz erreicht haben soll, ist es notwendig, die landwirtschaftliche Produktion sehr erheblich zu steigern, um den Verbrauch von Devisen für die Ernährung soweit als möglich einzuschränken. Voraussetzung für eine rasche und anhaltende Steigerung der landwirtschaftlichen Erzeugung ist ein weiterer Abbau der staatlichen Zwangs-wirtschaft und Schaffung gesicherter und ausgeglichener Produktions- und Absatz-verhältnisse für landwirtschaftliche Erzeugnisse zu Preisen, die die Produktionskosten gut arbeitender Durchschnittsbetriebe decken und gleichzeitig auch den Minderbemittelten den Kauf dieser Produkte gestatten."

Bundeskanzler Konrad Adenauer in seiner Regierungserklärung am 20. September 1949

„Bleibense hart, Herr Schwarz."

Konrad Adenauer ermahnte 1961 seinen Ernährungsminister Werner Schwarz (Bauer aus Schleswig-Holstein) beim Brüsseler Treffen des Ministerrats der Europäischen Wirtschafts-gemeinschaft (EWG), die beschleunigte Verwirklichung des Gemeinsamen Markts zunächst abzubremsen.

„Wir würden einen nicht wiedergutzumachenden Fehler begehen, wenn wir die von allen Parteien servierte Platte (Landwirtschaftsgesetz) zurück-weisen würden, weil nicht Schinken und Roast-beef draufliegt, sondern nur ein ganz gewöhnlicher Schweinebauch!"

Bundesernährungsminister Wilhelm Niklas 1955, bezugnehmend auf die Forderungen des Bauernverbandes nach einem preistreibenden Paritätsgesetz

„Die Bauern können nicht allein von guter Luft und schöner Landschaft leben.“

Freiherr Heereman 1984 auf der Bauern-Demo in Dortmund

„Es ist Aufgabe der Bundesregierung, im Sinne des Schutzes der deutschen Landwirtschaft tätig zu sein.“

Bundeslandwirtschaftsminister Werner Schwarz, der sich – auch mit Rückendeckung von Bundeskanzler Konrad Adenauer – im August 1960 gegen eine Senkung der Getreideerzeuerpreise aussprach.

„Ich habe immer wieder auf Geduld und Einsicht gesetzt – und eigentlich nur widerstrebend zu Demonstrationen aufgerufen. Aber ohne einen baldigen Wandel zum Besseren sind weitere Aktionen nicht auszuschließen, denen gegenüber die vorbildlich friedfertigen Demonstrationen am 14. Februar im nachhinein wie der Ausflug eines Mädchenpensionats erscheinen können.“

Freiherr Heereman 1981 in Lemgo

„Der deutsche Getreidepreis muss demnächst auf europäisches Niveau gesenkt und die Subventionssucht der Landwirtschaft gedämpft werden.“

Bundeswirtschaftsminister Ludwig Erhard, der im September 1963 mit seinen Forderungen auf den Widerstand auch in der eigenen Partei stieß.

„Agrarpolitik ist der Versuch, die Erntezeit über das ganze Jahr auszudehnen.“

Wolfram Weidner (*1925), deutscher Journalist

„Es ist klar, dass das Nebeneinander von satten, bei denen täglich Tausende von Tonnen Lebensmitteln verderben oder vernichtet werden, und hungernden, von Seuchen und grenzenloser Armut und Unwissenheit geplagten Menschenmassen auf die Dauer völlig unmöglich ist. So wie der Bruder gegenüber dem Bruder Verantwortung trägt, so haben auch die Völker füreinander einzustehen. Beachten wir dieses Gebot nicht, so wird das ungelöste Problem den Fortbestand unserer Zivilisation in Frage stellen."

Bundespräsident Heinrich Lübke – Schirmherr der Welthungerhilfe - bei seiner Antrittsrede 1959

„Der prozentuale Anteil der Landwirte an der Bevölkerung verringert sich von Jahr zu Jahr. Wir kommen daher nicht umhin, engen Kontakt mit allen Berufsgruppen und Wirtschaftszweigen unseres Landes aufzunehmen."

Freiherr Heereman nach seiner Wahl zum Präsidenten des Westfälisch-Lippischen Landwirtschaftsverbandes (WLV)

„Es ist eines der Ziele unserer Agrarpolitik, über eine flächendeckende Bewirtschaftung deutsche Kulturlandschaft zu erhalten."

Jochen Borchert, Bundeslandwirtschaftsminister (1993 – 1998)

„Ich verwahre mich energisch dagegen, dass die Milliardenlöcher in den öffentlichen Haushalten mit Bauerngeld gestopft werden."

Freiherr Heereman 1977

„Es ist in der Politik wie beim Schachspiel: Die Bauern werden immer als erste geopfert!"

Transparent auf der Bauerndemonstration 1984 in Dortmund

„Zum längst überholten Einkommensplus 1982/83 ist auch zu sagen: Wer tief im Keller sitzt und drei Stufen hochsteigt, steht noch längst nicht in der Sonne."

Freiherr Heereman 1984 auf der Mitgliederversammlung des Deutschen Bauernverbandes

„Das Eigentum ist geradezu einer der Grundpfeiler einer liberalen Politik. Ich kann mir keine liberale Politik vorstellen, die nicht geradezu Gralshüter des Eigentums spielt."

Josef Ertl (1925 – 2000), Bundeslandwirtschaftsminister von 1969 bis 1983

*„Wenn Ihr die CDU wählt
und Eure Betriebe kaputtgehen,
dann kommt aber nicht bei uns
Sozis auf den Hof zu singen!"*

Jochen Steffen (1922 – 1987), SPD-
Landespolitiker aus Schleswig-Holstein, der auf
Bauernversammlungen die EU-Agrarpolitik des
Kommissars Sicco Mansholt erläuterte und die
Bauern aufforderte, alternativlos die EU-Agrarpolitik
anzuerkennen, um nicht unterzugehen.

*„Eine Weiterentwicklung der Agrarpolitik im
Rahmen der EWG muß in Zukunft stärker
auf Fortschritte bei der Wirtschafts- und
Währungspolitik abgestimmt werden. Es bleibt
das Ziel der Bundesregierung, die nationale
Verantwortung für die landwirtschaftliche
Strukturpolitik zu erhalten. Bei der
notwendigen Strukturverbesserung der
Landwirtschaft muss vermieden werden, dass
eine Politik des Preisdrucks betrieben wird."*

Bundeskanzler Willy Brandt in seiner Regierungserklärung vom 28. Oktober
1969

*„Wir müssen verhindern, dass sich groß-
gewerbliche Unternehmen mit 4.000 oder
5.000 Mastschweineplätzen aufbauen können
und damit den Bauern das Leben zusätzlich
erschweren."*

Freiherr Heereman 1984

*„Strukturwandel wird
akzeptiert, wenn er den
Betrieben, die ausscheiden
wollen, eine echte soziale
Absicherung ermöglicht."*

Freiherr Heereman 1985 auf dem Deutschen
Bauerntag in Ludwigshafen

*„In diesen bankrotten
Verein investiere ich
keinen Pfennig mehr."*

Helmut Schmidt, Bundeskanzler, Mai
1974, zur Europäischen Agrarpolitik

*„Die Bauern haben den
Teufelskreis von Preisdruck,
Produktionsausdehnung und
erneutem Preisdruck satt."*

Freiherr Heereman 1985 auf dem Oberfränki-
schen Bauerntag in Bayreuth

41

„Der bäuerliche Familienbetrieb hat seine Überlebenskraft bewiesen, und es ist der agrarpolitisch erklärte Wille aller im Bundestag vertretenen Parteien, diesen bäuerlichen Familienbetrieb zu erhalten."

Freiherr Heereman 1985 in Rhöndorf

„Unsere Aufgabe muss es sein, soziale Härten und Tragödien auf unseren Höfen zu verhindern, und vor allem auch das Aufzehren der Vermögenssubstanz zu stoppen. Die schleichende Enteignung ist die Pest unserer Tage."

Bundeslandwirtschaftsminister Kiechle auf der Int. Grünen Woche 1988 in Berlin

„Ich halte es für leichtfertig und der tatsächlichen Situation unangemessen, wenn so getan wird, als ob sogenannte große Bauern als angebliche Hätschelkinder der Agrarpolitik ständig den großen Reibach machen, während die kleinen Betriebe leer ausgehen. Die größten landwirtschaftlichen Betriebe sind selbst im Vergleich mit dem Handwerk klein, von der übrigen Wirtschaft ganz zu schweigen."

Freiherr Heereman 1985 auf der Int. Grünen Woche in Berlin

„Wir erwarten aber auch, dass unser Land nicht noch mehr zum Abladeplatz für die subventionierten Überschüsse aller möglichen Länder wird."

„Harte Kritik ja – undemokratische Verwilderung oder gar Gewalt nein! Mit mir jedenfalls nicht."

„Wir kämpfen gemeinsam gegen eine halbherzige Politik, der außer Einkommensdruck und Existenzvernichtung nichts zur Lösung der Überschussprobleme einfällt."

Freiherr Heereman im März 1987 auf der Bauern-Demo in Münster

„Bei aller Liebe zu Europa brauchen wir endlich eine nationale Agrarpolitik, die speziell unseren Veredlungslandwirten Zukunftsperspektiven für die 90er Jahre gewährt."

Freiherr Heereman 1988

„Vielleicht ist es gar nicht so abwegig zu behaupten, die Landwirtschaft sei durch die vielen Regulierungen in die zweite Abhängigkeit nach der Befreiung aus dem Feudalismus geraten."

Otto Graf Lambsdorff 1989, Bundesminister für Wirtschaft (1977 – 1982 und 1982 – 1984)

„Wir sind nicht bereit, die bäuerliche Landwirtschaft den Interessen der Industrie zu opfern."

Freiherr Heereman 1990

„Dieses Agrarstrukturgesetz ist Beispiel und Ergebnis einer bundesweit verbreiteten Stimmung gegen die bäuerliche Landwirtschaft, die als menschen- und umweltfeindliche Agrarindustrie dargestellt wird."

Freiherr Heereman 1988

„So wie das ‚Made in Germany' weltweite Bedeutung erlangt hat, könnte auch das ‚Trained in Germany – ausgebildet in Deutschland' zu einem Markenzeichen mit Wettbewerbsvorteilen für die deutsche Landwirtschaft werden."

„Die Gesundheitspolitik wird hierzulande nicht ehrlich geführt, das gilt auch für viele ‚Körnerpicker'."

Freiherr Heereman 1989 auf der Int. Grünen Woche

> *„Ein Gegeneinander von moderner Landwirtschaft und Verbraucherschutz gehört mit dieser Regierung der Vergangenheit an. Das soll unser Markenzeichen sein."*
>
> Bundeskanzlerin Angela Merkel in ihrer Regierungserklärung am 30. November 2005

„Ich habe mein Ziel, den bäuerlichen Klein- und Mittelbetrieb am Leben zu erhalten, nicht aufgegeben. Aber ich war immer der Ansicht, das Einkommen der Bauern müsse aus der Arbeit und dem Verkauf der Produkte kommen. Mein Zugeständnis heißt jetzt lediglich: Einkommen muß auch zu einem beträchtlichen Teil aus öffentlichen Transferleistungen fließen."

Ignaz Kiechle im Spiegel-Gespräch 1992

„Ich habe bewusst auf Schlagworte verzichtet, denn es geht nicht mehr darum, wer die schönsten Transparente malt."

Ignaz Kiechle 1990,
Bundeslandwirtschaftsminister

„Wie stark ist die Agrarlobby, die im Kern nichts ändern will?"

Lutz Ribbe, 2002

„Wir haben es seit Jahren mit einer völlig verfehlten Landwirtschaftspolitik in sehr vielen Ländern zu tun."

Paul Bulcke, Chef des Nestlé-Konzern,
Vevey/Schweiz 2008

„Wenn nicht wir Landwirte und Landbewohner uns einbringen, prägen andere die gesellschaftliche Meinung."

Bayerischer Bauernpräsident Gerd Sonnleitner auf dem
Landjugendforum am 29. Februar 2012 in Herrsching

„Eine der wichtigsten Aufgaben der berufsständischen Interessenvertretung war es, den Strukturwandel mit einer erfolgreichen Sozialpolitik zu begleiten."

Freiherr Heereman im April 1997

„Es war und ist richtig auf das Know-how, die Leistungsstärke und den Unternehmergeist in den Betrieben der Landwirtschaft, aber auch der vor- und nachgelagerten Betriebe zu setzen."

Franz-Josef Möllers, Präsident des Westfälisch-Lippischen Landwirtschaftsverbandes, auf dem DBV-Veredlungstag September 2009

„Dieser Markt ist gnadenlos."

Bundeslandwirtschaftsminister Ignaz Kiechle, der kurz vor seinem Ausscheiden (1993) einen „sogenannten freien Markt" ablehnte, weil dieser keine sozialen Kriterien kenne und keine Rücksicht auf Naturgegebenheiten nehme.

„Der Strukturwandel ist der Motor der Leistungsfähigkeit und somit Voraussetzung für die deutsche Landwirtschaft, um im europäischen Wettbewerb zu bestehen."

Bundeslandwirtschaftsminister Jochen Borchert 1993

„Landwirtschaftliche Betriebe sind heutzutage meist hocheffiziente und äußerst kapitalintensive Betriebe, die in einem zunehmend globalen Wettbewerb stehen. Und das müssen wir auch zur Kenntnis nehmen."

Bundespräsident Horst Köhler, Januar 2008

„Unsere Bäuerinnen und Bauern geben täglich ihr Bestes, damit sich alle Mitmenschen in Deutschland mit genussreichen, hochwertigen und sicheren Lebensmitteln aus heimischer Erzeugung ernähren können."

Bauernpräsident Gerd Sonnleitner in seinem Schreiben an Bundeskanzlerin Angela Merkel 2009

„Die BSE-Krise hat uns allen ganz eindringlich klar gemacht, um was es jetzt geht: Wir müssen mit allem Nachdruck Fehlentwicklungen korrigieren, die es insbesondere in der Landwirtschaft, in der Lebensmittelindustrie und beim Gesundheitsschutz gegeben hat."

„Bei der traditionellen, industriell geprägten Landwirtschaft standen allzu sehr die Absatz- und Gewinn-Interessen der Erzeuger, der Futtermittelhersteller und der Lebensmittelindustrie im Vordergrund. Die Interessen der Verbraucher sind dabei allzu oft auf der Strecke geblieben."

Bundeskanzler Gerhard Schröder am 10. Januar 2001 bei der Verabschiedung von Landwirtschaftsminister Karl-Heinz Funke und Berufung von Renate Künast als Nachfolgerin

„Schluss mit der Schweinerei."

Wochenzeitung Parlament zur Mindestlohn-Einführung in der Schlachtbranche

„Ich sehe gigantische Wachstumschancen für grüne Technologie."

Siemens-Chef Peter Löscher, Juni 2009

„Die Bauern müssen schon heute 19 Cross-Compliance-Richtlinien und die darin enthaltenen verbindlichen 2.680 Standards beachten."

Hermann Färber, Bundestagsabgeordneter zur Umsetzung der EU-Agrarreform

„Es sollte uns allen wichtig sein, wie wir die Zukunft der Landwirtschaft gestalten … Dabei steht für mich außer Frage, dass unsere einheimische bäuerliche Landwirtschaft eine gute Zukunft braucht und sie auch verdient."

Horst Köhler, Bundespräsident (2004–2010), am 29. September 2009 bei Überreichung der Erntekrone

„Verbraucherschutz gehört zu den Aufgaben der Politik, die von den Bürgerinnen und Bürgern am wachsamsten beachtet werden."

Bundespräsident Joachim Gauck, 30. September 2013

„Die Landwirtschaft muss sich dem weltweiten Strukturwandel stellen. Dabei befindet sich die deutsche Landwirtschaft mit hochwertigen, veredelten Lebensmittelprodukten langfristig auf der Gewinnerstraße der Globalisierung."

Hans-Olaf Henkel, ehemaliger BDI-Präsident vor Landwirten der Lüneburger Heide im März 2013

„Ich bin davon überzeugt, dass der Landwirtschaft gar nichts Besseres passieren kann als eine öffentliche Debatte über die ökologischen Dimensionen, über Tierwohl und Verbrauchergesundheit. Diese Debatte ist die richtige Antwort auf eine Akzeptanzkrise, aus der wir die Landwirtschaft gemeinsam herausführen können."

Robert Habeck (*1970), auf der Homepage des Schleswig-Holsteinischen Landwirtschaftsministeriums 2013

„Die Zeiten sind turbulent, die Wirtschafts- und Finanzkrise macht deutlich, wohin uns kurzfristige Profitgier, mangelndes Verantwortungsgefühl und Kasinokapitalismus führen."

Gerd Sonnleitner, Präsident des Bayerischen Bauernverbandes, 2009

„Wir wollen, dass die Landwirtschaft in den Händen von Bauern bleibt und nicht in denen von Kapitalgesellschaften."

Franz-Josef Holzenkamp,
Landwirt und Bundestags-
abgeordneter, März 2014

„Menschen, die berechtigte Fragen haben, muss erklärt werden, warum Landwirte so arbeiten, wie sie arbeiten."

Bundeskanzlerin Angela Merkel
im top agrar-Interview (8/2013)

„Wenn die Leute so viel Fleisch essen und so wenig dafür zahlen wollen, wird man um eine industriell geprägte Tierhaltung nicht umhinkommen."

Robert Habeck (*1970), Schleswig-
Holsteins Landwirtschaftsminister
in der Süddeutschen Zeitung,
Juli 2013

„Viele Verbraucher wünschen sich eine Landwirtschaft von gestern mit den Preisen von heute und den Anforderungen von morgen. Eine solche Landwirtschaft kann es aber nicht geben."

Staatssekretär Ernst-Wilhelm Rabius vom Landwirtschaftsministerium
Schleswig-Holstein 2012

„Wir stellen nur ein Prozent der Bevölkerung. Daher können wir es uns nicht leisten, mit unterschiedlichen Positionen einer Mehrheit von 99 Prozent der Bevölkerung gegenüberzutreten."

Gerd Sonnleitner auf dem Deutschen Bauerntag 2012 in Fürstenfeldbruck

„Die Massentierbauern leben in einer Parallelgesellschaft, deren Wertesystem sich von dem der übrigen Gesellschaft unterscheidet."

Karen Duve (*1962), Tierschützerin und Schriftstellerin in der Zeit, Juli 2013

„Verweigern wir den Bauern unsere Unterstützung, gefährden wir die vielfältigen Agrarstrukturen."

Christian Schmidt, Bundeslandwirtschaftsminister 2014

„Wer die bäuerliche Landwirtschaft lebendig erhalten will, muss die Vielfalt und Vielzahl der Betriebe in der Lebensmittelerzeugung halten und stärken. Dazu müssen wir die politischen Rahmenbedingungen grundlegend ändern."

„In der Tierhaltung ist für alle offenkundig, dass die industrielle Entwicklungsrichtung nicht nur die Schlachtindustrie, sondern auch die einzelnen beteiligten Betriebe ins gesellschaftliche Abseits schiebt."

Bernd Voß, Arbeitsgemeinschaft bäuerliche Landwirtschaft (AbL) 2013

„Dieses Greening ist Greenwashing.“

Jan Plagge, Präsident von Bioland, zur Umsetzung der EU-Agrarreform in Deutschland

„Es gibt wohl keinen Wirtschaftsbereich, der die deutsch-deutsche Einigung so konsequent und am Ende auch erfolgreich mitgestaltet hat wie die Land- und Forstwirtschaft.“

Helmut Born, Generalsekretär des Deutschen Bauernverbandes, Berlin

„Wir wollen weiter Kühe auf der Weide, aber keine schleichende Enteignung unserer Landwirte.“

Gitta Connemann, Vorsitzende des Agrarausschusses im Deutschen Bundestag, April 2014

„Ich bin ein Verfechter von Zusammenarbeit und davon überzeugt, dass der einzige Weg, mit dem ein Landwirt sich bei den Politikern und Ministerien Gehör verschaffen kann, eine organisierte Struktur ist.“

Albert Jan Maat, Präsident des Europäischen Bauernverbandes (COPA), Frühjahr 2014

„Ein Betrieb kann nur dann überleben, wenn er wirtschaftlich erfolgreich ist, natürliche Ressourcen achtsam nutzt und sozial verantwortlich wirtschaftet.“

Joachim Rukwied, Präsident der Deutschen Bauernverbandes, 2013

„Es wurmt mich, wenn derzeit in elektronischen wie Printmedien oftmals ein oberflächliches, überzogen kritisches, ja falsches Bild vom Tun der Bauernfamilien, aber auch der Lebensmittelwirtschaft, gezeichnet wird.“

Helmut Born, Generalsekretär des Deutschen Bauernverbandes, 2013

„Wir sollten uns unsere Spitzenprodukte nicht schlecht reden lassen.“

Bundeslandwirtschaftsminister Christian Schmidt, der eine größere Wertschätzung für heimische Lebensmittel fordert, 2014

4.

Frühkartoffeln verspäten sich ... oder die besonderen Gesetze des Gemeinsamen Agrarmarktes

4.

Frühkartoffeln verspäten sich …
oder die besonderen Gesetze
des Gemeinsamen Agrarmarktes

Die Ziele der europäischen Agrarpolitik sind seit 1958 – mit Inkrafttreten der Römischen Verträge – unverändert geblieben. Demnach sollen u. a. die Märkte stabilisiert und die Versorgung der Verbraucher mit Agrarprodukten zu angemessenen Preisen sichergestellt werden. Die Agrarmärkte funktionierten in den Anfängen der EWG/EU, indem der Absatz europäischer Produkte gegenüber billigeren Welt-Agrarimporten abgeschottet wurde. Preisgarantien und Stützpreise für Getreide, Milch und Rindfleisch gehörten zum Programm der EU-Marktordnungen.

Das in den 70er Jahren aufkommende Problem wachsender Überschüsse auf dem europäischen Agrarmarkt löste Brüssel mit dem Instrument „Exporterstattungen": Den Exporteuren von Agrarprodukten wurde die Differenz zwischen dem höheren europäischen Preisniveau und den Weltmarktpreisen ausgeglichen. Bei schnell verderblichen Waren wie Obst und Gemüse wurde staatlicherseits „interveniert", zu deutsch: vernichtet. Auch spätere Maßnahmen wie „Milchquoten" und „Flächenstilllegung" sollten den Markt entlasten.

1991 stellte der damalige EU-Agrarkommissar MacSharry fest: *„Diskriminierend sind die Marktordnungsmechanismen in ihrer*

derzeitigen Form, weil sie dazu führen, dass Betriebe umso stärker gefördert
werden, je größer sie sind und je intensiver sie produzieren ..."

Bundeslandwirtschaftsminister Ignaz Kiechle verteidigte
die staatlichen Eingriffe zugunsten der deutschen Landwirte:

„Der Eier- und Hühnermarkt ist ein freier Markt.
Aber ansonsten bin ich gegen den Markt.
Wir können unser Rindfleisch eben nicht
mit Gaucho-Löhnen produzieren,
und wir haben auch kein Weltmarkt-Lohnbüro."

All diese Verwerfungen auf den nationalen und internationalen Agrar-
märkten sind Spiegelbild für einen zwischen Angebot und Nachfrage
gestörten Wettbewerb. Anreiz genug für Auseinandersetzungen im Pro
und Contra von Meinungen & Standpunkten, wie die aufgeführten Zitate
belegen.

> *„In Polen heißen die Metzgereien im Volksmund neuerdings ‚Garderoben' – wegen der vielen leeren Haken."*
>
> Jean-Paul Blum 1980

„Es ist nicht nur ökonomisch sinnlos, sondern auch ein politisches Ärgernis, wenn bei Magermilchpulver mit einem Qualitätsstandard, der es für Babynahrung geeignet macht, interveniert wird, die Ware jedoch im Futtertrog für Schweine landet."

Freiherr Heereman 1984

„Für uns gab und gibt es den Grundsatz, dass wir für den Markt und nicht für die Halde produzieren wollen."

Freiherr Heereman im Januar 1985

„Für die Europäer ist Amerika zum bestgeschützten Agrarmarkt der Welt geworden. Es muss der Eindruck entstehen, dass die USA den Agrarhandel als Einbahnstraße betrachten."

Petrus J. Lardinois, EG-Kommissar
(1973–1976)

„Ich sehe die Gefahr, dass aus dem Weizen, den der Westen an die Sowjetunion liefert, auch Handschellen werden."

Wladimir Bukowskij (*1942), sowjetischer Dissident

„Wir halten den Kampf aller gegen alle auf dem sogenannten Weltmarkt für ein untaugliches Rezept zur Lösung der Agrarprobleme"

Freiherr Heereman im März 1987 auf der Bauern-Demo in Münster

„Wir haben das Opfer der Garantiemengenregelung nicht zugunsten von Sojafarmern jenseits des Ozeans gemacht."

Freiherr Heereman im März 1988 in Peckelsheim (Kreis Höxter)

„Bei der Verteidigung und beim Aufbau von Marktpositionen dürfen wir keine Scheuklappen haben und keine Tabus kennen."

Freiherr Heereman 1988

*„Wer Marktordnungen
zu billigen Kühen macht,
wird Europa nicht nutzen,
sondern schaden."*

Josef Ertl, Bundeslandwirtschaftsminister
(1969 – 1983)

*„Man kann nicht auf Dauer
den Weizenpreis in den Keller
sacken lassen und glauben, die
Schweinepreise würden auf
dem Dachboden bleiben."*

Freiherr Heereman auf dem Deutschen
Bauerntag 1989 in Würzburg

*„Je mehr die Vorzeichen für den EG-
Binnenmarkt stimmen, umso mehr lohnt
sich der Wettbewerb. Was wir brauchen
ist nicht nur eine Wirtschaftsunion,
sondern vor allem eine Währungsunion."*

Freiherr Heereman 1988

*„Wenn alle Schlagbäume mit einem
Schlag fallen, darf uns Bauern nicht der
Schlag treffen."*

Freiherr Heereman 1989

*„Billigpreise für Eier gefährden deutsche
Bauern."*

Stuttgarter Nachrichten 2014

*„Wir brauchen schlagkräftige Ver-
marktungspartner schon deshalb, um
der wachsenden Konzentration im
Lebensmitteleinzelhandel etwas Ent-
sprechendes entgegensetzen zu können."*

Freiherr Heereman auf dem Deutschen Bauerntag 1989
in Würzburg

*„Wer sich heute über die Obstpreise aufregt,
sollte daran denken, was der erste Apfel
gekostet hat. Und dabei hat es damals noch
keinen Zwischenhandel gegeben."*

DBV-Präsident Freiherr Heereman 1976

„Seit Errichtung des Gemeinsamen Agrarmarktes hat sich die Nahrungsmittelversorgung in Europa in einer bisher nicht gekannten Weise verbessert, und zwar quantitativ und qualitativ. Dies ist zum einen auf die enorme Steigerung der Produktivität in der Agrarwirtschaft und zum anderen auf die Vorteile des gemeinsamen Marktes und die Ausdehnung des innergemeinschaftlichen Handels zurückzuführen."

Franz Fischler 1997, EU-Agrarkommissar 1995–2004.

„Die höchsten Kilometerkosten von allen Wagentypen hat noch immer ein Einkaufswagen im Supermarkt."

Lothar Schmidt (*1922), deutscher Politikwissenschaftler

„Die Europäische Gemeinschaft steht jetzt vor der Frage, ob sie mit der Schaffung eines Binnenmarktes ein Riese wird, oder ob sie sich wie eine Vereinigung von zwölf Zwergen benehmen will."

Freiherr Heereman 1989

„Wir haben eine soziale Marktwirtschaft, keine Ellbogenmarktwirtschaft"

Freiherr Heereman 1990

„Produzieren für Märkte, die nicht vorhanden sind, das ist etwas Verrücktes."

Freiherr Heereman im Juli 1991

„Die Europäische Gemeinschaft will und darf kein ‚Supermarkt' für Industriekonzerne und auch kein ‚Naturschutzpark' für Gemüseproduzenten sein."

Horst Seefeld (*1930), Mitglied des Europäischen Parlaments

„Man muss endlich aufhören, Videorecorder und Nahrungsmittel mit der gleichen handelspolitischen Elle zu messen."

Freiherr Heereman 1991

„Die Eier werden in drei Güteklassen eingeteilt: A, B und C. Eier der Klasse C sind Eier, die nicht den Anforderungen für die Eier der Klassen A und B entsprechen."

EU-Eierkennzeichnungsverordnung

„Fusionsfieber: Wenn die Bauern zu reich werden, wird nicht mehr mit Weizen gehandelt, sondern mit Äckern."

Peter Hohl (*1941), Aphoristiker

„Frühkartoffeln verspäten sich."

Überschrift AP-Meldung

„Dünne Preise bei dicken Bohnen."

Lebensmittelzeitung 1978

„Warum die Kuh kaufen, wenn ich ein Glas Milch trinken will?"

Management-Weisheit-Zitatebuch 2002

„Lebenshungrige sind selten Feinschmecker."

Hans-Horst Skupy (*1942), Schriftsteller und Journalist

„Das mit dem Markt haben andere schon versucht und sind dabei nicht glücklich geworden. Wir können unsere Kühe doch nicht am La Plata weiden lassen, das geht nicht. Den Unterschied zwischen dem Pariser Becken und dem Voralpengebiet können Sie nicht über den Markt ausgleichen. Es sei denn, Sie sagen: Wer international nicht konkurrenzfähig ist, geht eben kaputt. Soweit sollten wir die Marktwirtschaft nicht treiben."

Ignaz Kiechle, Bundeslandwirtschaftsminister (1983 bis 1993) zum EU-Agrarsystem

„Um nach Holland Agrarprodukte zu exportieren, braucht man zwei gestandene Verkäufer. Um mit Belgien ins Geschäft zu kommen, muss man drei Holländer einstellen."

N. N.

"Ich habe einem Bauern eine Melkmaschine verkauft, der nur eine Kuh hatte, und die Kuh habe ich als Anzahlung genommen."

Aussage eines cleveren Investors

"Das Gesetz garantiert zwar nicht das Mittagessen, aber die Mittagspause."

Wieslaw Brudzinski (1920–1996), polnischer Satiriker

"Frage: Soll die ganze Welt kommunistisch werden? Antwort: Nein, woher sollten wir sonst unser Getreide nehmen?"

N. N.

"Die skurrile Agrarförderung der EU subventioniert sogar Essen bei der Lufthansa."

Ernst August Ginten (*1959), Wirtschaftsredakteur

"Agrarrohstoffe – ein neuer „Megatrend" an den Börsen."

Der kritische Agrarbericht 2009

"Kaum ein Markt ist in Deutschland so hart umkämpft wie der für Lebensmittel. Die Lebensmittelpreise in Deutschland liegen rund 16 Prozent unter dem europäischen Durchschnitt. Täglich werden Lebensmittel zu Schleuderpreisen verramscht. Ich sehe diese Entwicklung mit Sorge. Wenn der Liter Milch oder das Kilo Fleisch im Laden weniger kosten als ihre Herstellung, dann stimmt etwas nicht, und die Hemmschwelle für illegale Praktiken sinkt."

Bundespräsident Horst Köhler auf dem Deutschen Bauerntag 2007 in Bamberg

"In der Vergangenheit hat die EU Milliarden Steuergelder eingesetzt, um Produkte der Agrar- und Ernährungsindustrie für den Export in Drittländer unter das Niveau der europäischen Produktionskosten zu verbilligen. Dieses „Dumping" mithilfe von Exportsubventionen („Ausfuhrerstattungen") hat besonders in Entwicklungsländern fatale Auswirkungen bis hin zur Zerstörung der Lebens- und Existenzgrundlagen von Kleinbauern und der regionalen Ernährungswirtschaft."

Gemeinsame Stellungnahme der Verbände zum Health Check 2008 der EU-Agrarpolitik im Oktober 2008

„In Deutschland ist umweltfreundliche Produktion kein gutes Verkaufsargument – dort funktioniert nur, was billig ist. Deswegen ist die Qualität der Lebensmittel in deutschen Supermärkten vergleichsweise schlecht. In Deutschland Essen einzukaufen ist einfach nur langweilig."

Antony Burgmans, Geschäftsführer von Unilever 2004
(Die Zeit, 24. Juni 2004)

„Die Industriestaaten subventionieren ihre Landwirtschaft mit jährlich rund 350 Milliarden Dollar – rund siebenmal so viel, wie sie für Entwicklungshilfe ausgeben. Für die Bauern in den Entwicklungsländern hat das katastrophale Folgen. Sie können auf dem Weltmarkt nicht mit den europäischen oder amerikanischen Dumpingpreisen mithalten, die oft weit unter den Produktionskosten liegen."

Internet-Diskussion Politikenforen.net zum Thema „Neokolonialismus: EU-Agrarsubventionen und Dumpingpreise ruinieren Entwicklungsländer", Juni 2007

„Marketing und Politik – oft nur einfach heiße Luft wie ein Gauner im Frack. Das macht unsere Gesellschaft krank, und Reformen werden meist zu Reförmchen."

Albert Kallfelz, poetischer Winzer von der Mosel

„Karlsruhe kippt Bauern-Zwangsabgabe für Werbung."

Spiegel online 2009 zum Urteil des Bundesverfassungsgerichtes (Mit den jährlichen Einnahmen des Absatzfonds von rund 90 Millionen Euro wurden bis dahin zentrale Werbemaßnahmen finanziert, die die Wettbewerbsfähigkeit der deutschen Agrarwirtschaft im EU-Binnenmarkt verbessern sollten. Eingezogen wurde das Geld insbesondere von rund 380.000 Landwirtschaftsbetrieben. Die Mittel flossen vor allem an die CMA-Centrale Marketing-Gesellschaft der deutschen Agrarwirtschaft.)

„Alle reichen Industrienationen verfolgen eine Politik der Subventionierung der Erzeugerpreise – auch wenn das nicht sinnvoll ist."

Harald von Witzke, Agrarökonom an der Humboldt-Universität Berlin, 2009

„Eine meiner strategischen Visionen ist ein Agrarsektor, in dem funktionierende Märkte existieren und die Preisbildung den Knappheitsgraden folgt und nicht vorgibt, fair zu sein."

Michael Schmitz, Professor am Institut für Agrarpolitik und Marktforschung der Universität Gießen, 2012

„Sommerwetter lässt Schweinepreise steigen."

Presse- und Informationsdienst Agra Europe (Bonn), Juli 2013

„Für die zwei Millionen Bauern in den USA wird doppelt so viel Geld aufgewendet wie für zehn Million Landwirte in der EU."

Paolo de Castro, Vorsitzender des Agrarausschusses des EU-Parlaments, 2012

„Ich habe schon gestandene Manager der Lebensmittelbranche mit Tränen in den Augen gesehen, als sie sich mit einem Discounter einigen mussten."

Matthias Wolfschmidt, Foodwatch 2013

„Regionalität ist in den letzten zwanzig Jahren zu einem der stärksten Verkaufsargumente für eine bäuerliche Lebensmittelerzeugung geworden. Aber wenn uns erzählt wird, dass die Chinesen und Russen unsere Milchviehbetriebe und Schweinehalter retten würden, dann ist das interessengeleiteter Blödsinn."

Bernd Voß, ABL-Bundesvorsitzender, 2013

„Die globalen Warenströme werden häufig gewaltig überschätzt. Der grenzüberschreitende Handel mit Agrargütern macht gerade einmal 12 % der Produktion aus. Das bedeutet, dass der allergrößte Teil der Agrarprodukte im dem Land verzehrt wird, wo er hergestellt wird. Es ist zwar richtig, dass die international gehandelten Mengen an Agrarprodukten zur Zeit doppelt so rasch wachsen wie die Produktion, aber es steht außer Frage, dass der Heimmarkt in den allermeisten Ländern der Welt der dominante Markt bleiben wird."

Franz Fischler 2013 zur Entwicklung der regionalen Märkte

„In unserer Zukunftsvision für 2050 orientiert sich die Agrarwirtschaft eher am Wochen- als am Weltmarkt."

Kirsten Tackmann, Agrarpolitische Sprecherin der Bundestagsfraktion „Die Linken", Januar 2013

„Die Agrarmärkte sind europäisch. Sie wissen als Landwirte, welche Vorteile der Euro gebracht hat. Sie als Landwirte stellen sich Schritt für Schritt der Öffnung der Märkte."

Bundeskanzlerin Angela Merkel auf dem Deutschen Bauerntag 2013 in Berlin

„Wenn die Lebensmittelpreise laufend sinken, führt das dazu, dass der Bauer, wenn er überleben will, mehr Schweine oder mehr Land haben muss, um ein ausreichendes Einkommen zu erzielen. Das ist die Ursache für das Wachsen oder Weichen."

Josef Jacobi, Biobauer aus Körbecke

„Wir wollen niemandem vorschreiben, was er kauft; wir wollen aber, dass die Kunden im Supermarkt auf den Produkten auch erkennen können, unter welchen Bedingungen sie hergestellt wurden."

Christian Meyer, Niedersachsens Landwirtschaftsminister 2014

„Wenn Standards in den USA geringer sind, darf das nicht dazu führen, dass unsere Standards abgesenkt werden."

Heiko Maas, Bundesverbraucherschutzminister zum umstrittenen Freihandelsabkommen

„In China essen die Menschen zurzeit noch halb so viel Fleisch wie bei uns. Mit wachsendem Wohlstand wird sich das ändern. Dann sind wir da mit unseren Produkten."

WLV-Präsident Franz-Josef Möllers 2012

5.

Vom Wohlergehen der Landwirtschaft hängt das Wohl der Gesellschaft ab

5.

Vom Wohlergehen der Landwirtschaft hängt das Wohl der Gesellschaft ab

Entscheidend für den Wohlstand des Landes ist das System der Sozialen Marktwirtschaft. Dazu zählt auch eine integrierte multifunktionale Landwirtschaft, die für die Bevölkerung ausreichend preiswerte Nahrungsmittel erzeugt und eine naturnahe Kulturlandlandschaft erhält.

Schon der deutsche Schriftsteller Karl Julius Weber (1767 – 1832) hatte erkannt, dass

„Ackerbau und Viehzucht die zwei Brüste sind, die den Staat sicherer säugen als die Gold- und Silberminen Perus.“

1988 – rund 200 Jahre später – betonte Bundespräsident Richard von Weizsäcker auf der Internationalen Grünen Woche 1988 in Berlin: *„Vom Wohlergehen der Landwirtschaft hängt das Wohl der Gesellschaft ab“* – und dokumentierte damit die Wertschätzung und das Leistungspotential dieses Wirtschaftszweiges, was auch in der Redensart aus der Schweiz zum Ausdruck kommt: *„Das beste Wappen in der Welt ist der Pflug im Ackerfeld.“*

Immer wieder fühlten sich die Vertreter des bäuerlichen Berufsstandes genötigt, auf diese unverzichtbaren Leistungen der Landwirtschaft für die Gesellschaft hinzuweisen. So machte sich ab den 70er Jahren die Erkenntnis und Bereitschaft breit, intensiver am Image der Agrarwirtschaft zu arbeiten. Jüngste Umfragen bestätigen, dass es großen Teilen der Bevölkerung an Verständnis für die Landwirtschaft mangelt, was nicht zuletzt auf die unzureichenden Kenntnisse über die tatsächlichen Verhältnisse in der Landwirtschaft, über die Wirtschafts- und Lebensweise auf den Höfen zurückzuführen ist.

In seiner Zeit als Bauernpräsident hat besonders Freiherr Heereman permanent für die politische und gesellschaftliche Anerkennung der bäuerlichen Land- wirtschaft geworben. Beispielhaft steht dafür seine Aussage aus dem Jahre 1989: *„Ein landwirtschaftlicher Familienbetrieb hat seine Arbeit, die erledigt werden muss, auch an Sonn- und Feiertagen."* Andere Zeitgenossen wiederum neigen – mit der nötigen Distanz – eher zu ironischen Betrachtungen über Ackerbau und Viehzucht: *„Rationalisierung – das ist Käse direkt von der Kuh",* schlussfolgert der deutsche Aphoristiker Werner Mitsch (*1936). Auf der anderen Seite nehmen Kritiker auch die Besitzverhältnisse der bäuerlichen Betriebe aufs Korn mit der vielzitierten Feststellung: *„Die klassische Drei-Frucht-Folge in der modernen Landwirtschaft heißt: Zuckerrüben, Weizen, Bauerwartungsland."* Der folgende Zitaten-Querschnitt zeigt auf, wie das Verhältnis Landwirtschaft und Gesellschaft auf unterschiedliche Art betrachtet werden kann.

„Wir wollen doch keine Agrarfabriken, keine zerstörte Landschaft, keine Entwicklung, die Menschen, Nutztiere, Böden und Pflanzen überfordert."

Transparent 1984
auf der Bauern-Demo in Dortmund

„Der landwirtschaftliche Lohnunternehmer steht im Wettbewerb, er muss sich daher ständig über Neuentwicklungen informieren, um wettbewerbsfähig zu bleiben und seiner Kundschaft zeitgemäße Dienstleitungen anbieten zu können."

Josef Ertl, DLG-Präsident
und langjähriger
Bundeslandwirtschaftsminister (1987)

„Millionen Menschen hungern, unsere Landwirtschaft bewahrt sie davor."

Transparent 1984 auf der Bauern-Demo
in Dortmund

„In keinem anderen Land Europas gibt es noch so viele Vorurteile bei der Behandlung landwirtschaftlicher Probleme wie bei uns."

Freiherr Heereman 1976 auf der Int. Grünen Woche in Berlin

„Zur Unfreiheit kamen 1962 noch verstärkt die verheerenden Folgen der Misswirtschaft des Regimes in Landwirtschaft, Handel und Industrie."

Bundespräsident Heinrich Lübke, der in seiner Neujahrsansprache
vom 1. Januar 1963 die Verhältnisse in der DDR thematisierte

„Im ‚DDR-Jahreswirtschaftsplan' für die Landwirtschaft sind pro ‚RGV' 2,5 Dezitonnen Heu vorgesehen. Das ist die Abkürzung für ‚Rauhfutterverzehrende Großvieheinheit' – gemeinhin auch Rind genannt."

Die Welt

„Die Bauern können kein Verständnis haben, dass man ihre Leistungen ins Gegenteil verkehrt und unseren Mitbürgern vorgaukelt, sie könnten den Wohlstand des 20. Jahrhunderts mit den Mitteln des 19. Jahrhunderts bewahren."

Freiherr Heereman 1983 auf der Int. Grünen Woche in Berlin

„Wer glaubt, man könne die Entwicklung in der Landwirtschaft der letzten 30 Jahre völlig zurückdrehen, der täuscht nicht nur sich, sondern – was viel schlimmer ist – auch viele Mitbürger. Die Leidtragenden eines solchen Marsches zurück zu Sense und Dreschflegel wären wir deutschen Landwirte."

Freiherr Heereman 1984 auf dem Stoppelmarkt in Vechta

„Je mehr die Landwirtschaft die Naturgesetze berücksichtigt, desto mehr wird sie sich behaupten können."

Ralph Fierz, Schweizer Publizist
(Internationales Landwirtschafts-Netzwerk)

„Ich halte es für einen bösen Witz, dass manche modernen Angstmacher ausgerechnet die Landwirtschaft beschuldigen, unsere Zukunft zu bedrohen."

Freiherr Heereman 1984 auf der Int. Grünen Woche in Berlin

„Unsere bäuerliche Landwirtschaft lässt sich nicht mit großen Worten, sondern allein mit Taten verteidigen."

Freiherr Heereman 1984 auf der Bauern-Demo in Dortmund

„Von mir werden Sie nie eine Zahl hören, wie viel landwirtschaftliche Betriebe bleiben werden."

Freiherr Heereman 1988 in Unna/ Kreisverbandstag

„Einen Düngungsfehler sehen alle, er ist nach einem halben Jahr vergessen. Einen fehlerhaften Kredit sieht keiner, aber man zahlt unter Umständen 20 Jahre dran."

Hans Jungehülsing (Münster)
bei Übergabe der Meisterbriefe 1987

„Die Zivilisation geht ihrem Ende zu, wenn die Landwirtschaft aufhört, eine Lebensform zu sein und zur Industrie wird."

Nicolas Gomez Davila (1917–1994), kolumbianischer Philosoph, 1987 in Wien

*„Wo es keinen Gewinn gibt, kann keine Land-
wirtschaft existieren. Ich bin für Profit, auch die
Kirchen sollten das wissen, denn woher nehmen
sie sonst ihre Kirchensteuer."*

Freiherr Heereman 1988

*„Die Landwirtschaft muss sich auf ihre Mitbürger
verlassen, so wie die Mitbürger sich auf ihre
Landwirte verlassen können."*

Freiherr Heereman 1988 in Uelzen

*„Von unverbindlichen Diskussionen über Größen-
ordnungen in der Landwirtschaft halte ich nichts,
wichtiger ist die Frage: Was muss ein Betrieb
erwirtschaften? Ich sage, mindestens 50.000 DM,
damit eine Familie davon leben kann – aber das
ist nur ein Mindestsatz."*

Freiherr Heereman 1988 in Unna/Kreisverbandstag

*„Das Aschenputtel der Landwirtschaft,
die Milcherzeugung, hat sich mittlerweile zur
Königstochter gemausert."*

Freiherr Heereman 1990

*„Die Meldung über die Milchquotenregelung
in der FAZ war leider so unverständlich,
dass ein Laie denken musste, die Kühe geben
gar keine Milch. Sondern Milchquoten."*

*„Landwirtschaft ist in den Augen der Gesellschaft
keine moderne Erfolgsstory. Bauern sehen sich
vor allem als Leidragende und Opfer."*

Peter Kloeppel, RTL-Moderator, Köln 1999

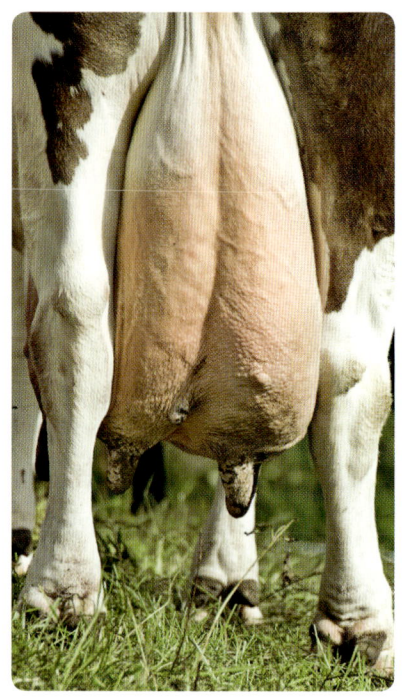

*„Es stimmt gar nicht,
dass Kühe Milch geben.
Die Bauern nehmen sie
ihnen einfach weg."*

Robert Lemke (1913–1989),
deutscher Journalist und
Fernsehmoderator

*„Wenn jemand behauptet,
dass ein Landwirt mit 300
bis 400 gemästeten Schweinen
ein Großunternehmer ist,
was muss dann wohl ein
Handwerksbetrieb umsetzen
– wir reden der Öffentlichkeit
ein, als ob alles Großbetriebe
wären."*

Freiherr Heereman 1988 in Unna/
Kreisverbandstag

„Wir wollen auch, dass die bäuerliche Landwirtschaft wieder eine Perspektive bekommt Aber eine realistische und keine utopische, wie sie in den Köpfen von grün angehauchten Jünglingen herumschwirrt. Diese Grünlinge könnte man auch nicht genießbaren Pilzköpfen zuordnen. Sie vergiften die sachliche Atmosphäre."

Freiherr Heereman 1988

„Die Basis bäuerlicher Existenzen muss der Ertrag der Arbeit sein."

Freiherr Heereman im Juli 1989

„Jedes Jahr garantiert drei Prozent weniger bei den Erlösen – das verkraftet kein Ackerbaubetrieb, das verkraftet die deutsche Landwirtschaft nicht."

Freiherr Heereman auf dem Deutschen Bauerntag 1989 in Würzburg

„Nur leistungsfähige landwirtschaftliche Betriebe können sachgerecht und umweltschonend produzieren und dabei hohe Qualitäten der Nahrungsmittel gewährleisten."

Josef Ertl 1989

„Landwirtschaft verbietet kriegerischen Geist."

B. Traven (Pseudonym für Otto Feige, 1882 – 1969)

„Wenn auch jenseits des durchlöcherten ,Eisernen Vorhanges' die Grundprinzipien der bäuerlichen Familienbetriebe wiederentdeckt werden, dann spricht das alles für eine Zukunftschance unserer bäuerlichen Landwirtschaft."

Freiherr Heereman 1990

„Der Pessimist ist der einzige Mist, auf dem nichts wächst."

Freiherr Heereman 1989

„Beim Bauen im Außenbereich entscheiden die Kreisbehörden ziemlich willkürlich, hier arbeiten wir an Problemen wie vor 20 Jahren."

Bernd Knott, stellv. Vorsitzender des Bundesverbands Lohnunternehmen e.V., 2003

„Es gibt nicht nur böse Medien und auf der anderen Seite die Vertreter der ,hehren' Landwirtschaft."

Jürgen Grönig, Zeit-Redakteur, London

„Ich würde auch kein Fernsehteam von Spiegel-TV auf den Hof lassen."

Norbert Tiemann, Chefredakteur, Münster

„Der Verbraucher erwartet von der Landwirtschaft nicht nur gesunde Nahrungsmittel, sondern auch die Befriedigung emotionaler Zusatzbedürfnisse wie Vertrauen, Sicherheit und Geborgenheit."

Martin Haase, i.m.a. Hannover, 1998

„Die persönliche Kommunikation zwischen Landwirten und Verbrauchern hat sich zum überzeugendsten und glaubwürdigsten Instrument berufsständischer Öffentlichkeitsarbeit entwickelt."

Gerd Sonnleitner, Präsident des Deutschen Bauernverbandes (1997–2012)

„Die Landwirtschaft wird zwar geschätzt, vielfach sogar von Herzen geschätzt, aber selten aus Leidenschaft."

„Ein Handikap für die Landwirtschaft ist auch, dass sie für die Fernsehsender kein Unterhaltungs-Item ist, mit dem sich der Kampf um Einschaltquoten gewinnen lässt."

Bert Stoutmeijer, PR-Experte, über das Verhältnis Landwirtschaft und Gesellschaft in den Niederlanden 2003

„Mit BSE und MKS ist Angstpolitik betrieben worden und die Medien haben sich mitreißen lassen."

Rolf Dressler, Chefredakteur, Bielefeld

„Mit starkem Trieb ins lockere Bett."

Titelbild der ,Neuen Deutschen Bauernzeitung' mit einer keimenden Kartoffel

„Qualitätsorientierter Weinbau ist immer auch ein Stück Idealismus."

Albert Kallfelz, Winzer von der Mosel

„Immer mehr Menschen wissen nicht mehr, wie Lebensmittel produziert werden."

Kirsten Tackmann, Bundestagsabgeordnete „Die Linke" 2014

„Ein Acker, der täglich gepflügt wird, trägt keine Früchte."

Rudolf Scheid (*1925)

„Die moderne Landwirtschaft hat sich von der Natur abgewandt, nur das Wetter hat sie noch nicht im Griff."

Horst Stern (*1922), gründete 1980 die Zeitschrift Natur, die er bis 1984 als Herausgeber leitete.

„Die Bewahrung der Artenvielfalt und der Schutz des Klimas machen wie fast kein anderes Thema deutlich, dass es im 21. Jahrhundert keine vernünftige Alternative zu einer kooperativen Weltpolitik gibt."

ehem. Bundespräsident Horst Köhler auf der 9. Vertragsstaatenkonferenz des Übereinkommens über die biologische Vielfalt, Mai 2008

„Eine zukunftsfähige Landwirtschaft wird sich nicht nur an ihrem Ernteertrag messen lassen müssen, sondern auch daran, was sie für den Erhalt und die Regeneration ihrer eigenen Grundlagen leistet."

ehem. Bundespräsident Christian Wulff bei Übergabe der Erntekrone am 4. Oktober 2011

„Die Urteile über Landwirtschaft werden immer weniger vom Alltag, vom Normalfall geprägt, sondern immer mehr vom Ausnahmefall, vom Skandal."

Hans-Mathias Kepplinger, Medien- und Kommunikationsforscher, Mainz

„Der Trog bleibt, die Schweine wechseln!"

„Ist die Viehzucht aufgegeben, heißt es, von Touristen leben."

Wolfgang Willnat & Peter Butschkow in „Bauernschlaue Sprüche", 2003

„Eine dauerhafte Zweiteilung in „teure" Biolandwirtschaft und „billige" Massenproduktion wird den Interessen von immer mehr Verbrauchern nicht gerecht."

Kirsten Tackmann, agrarpolitische Sprecherin der Bundestagsfraktion „Die Linken", Januar 2013

„Gerade in der heutigen Zeit, in der viele Menschen vergessen haben oder schlichtweg nicht wissen, wo unsere Nahrungsmittel herkommen, ist es wichtig, sich die Symbolkraft einer Erntedankkrone und der Bedeutung des Erntedankfestes bewusst zu werden."

Gerd Sonnleitner, BBV-Präsident, 2009

„Unser Land braucht eine starke Landwirtschaft und eine starke Industrie."

Ulrich Grillo, Präsident des BDI-Bundesverband Deutsche Industrie, Juni 2013

„Mir war schlagartig klar, dass Fleisch von derart gequälten Tieren keine lebensfördernde Nahrung für uns Menschen sein kann."

Karl Ludwig Schweisfurth (*1930) begann 1984 auf dem Gut Herrmannsdorf/München Schweine nach den Grundsätzen der ökologischen Landwirtschaft zu halten.

„Landwirtschaft darf kein Freilichtmuseum sein, wo technischer Fortschritt ausgeschlossen bleibt."

Freiherr Heereman 1992

„Der Landwirt hat längst begriffen, dass man auch von zweibeinigen Rindviechern leben kann."

Eugen Roth (1895–1976), deutscher Dichter und Lyriker

„Einst lebten wir auf dem Land, dann in Städten und von jetzt an im Netz."

Mark Zuckerberg (*1984), Facebook-Gründer

„Wo ein Finger ist, gibt es ein kultiviertes Feld."

Sprichwort aus Sambia

„Erst wenn der Wein im Fass liegt, sollte über den neuen Jahrgang gesprochen werden."

Winzerweisheit

„Wissen Sie, der Computer füttert meine Schweine besser als ich."

Landwirt Wim van Dommelen (Mill/Holland)

„Ich möchte einen Beitrag dazu leisten, dass unsere Gesellschaft nicht weiter auseinanderdriftet zwischen den Ballungsräumen und dem Land. Dazu gehört auch, das Verständnis von Landwirtschaft zu verbessern und die Leistungen unserer Bäuerinnen und Bauern mehr wertzuschätzen."

Bundeslandwirtschaftsminister Christian Schmidt, 2014

„Unser Leitbild der von Familien betriebenen, regional verankerten Landwirtschaft wird von breiten Teilen der Bevölkerung geteilt. Wer die Vielfalt dieser Landwirtschaft sichern will, der darf nicht mit Gängelung und Verboten arbeiten, der muss Lösungen anbieten."

Hermann Färber, Bundestagsabgeordneter zur Umsetzung der EU-Agrarreform

„Wenn das vielzitierte ‚Schlaraffenland' irgendwo auf der Welt Realität geworden ist, dann hier, hier in Berlin, hier auf der Grünen Woche."

Jochen Borchert

„Niemand sollte aus den Augen verlieren, dass die Landwirtschaft in Deutschland ein extrem wichtiger Bestandteil der gesamten Volkswirtschaft ist."

Clemens Große Frie, Vorsitzender des Vorstandes der AGRAVIS Raiffeisen AG, Münster/Hannover

„Neue Weltmeisterin im Jammern ist nicht mehr die Landwirtschaft, sondern die Pharmaindustrie, aber nur knapp vor dem Ärztestand."

Gerhard Kocher, Schweizer Aphoristiker (*1939)

6.

Am Tropf der Subventionen – das Dauerthema

6.

Die Landwirte sahen die Unterstützung mit öffentlichen Geldern
einerseits mit Wohlwollen, aber auch mit einigen Sorgenfalten.
Auf dem Deutschen Bauerntag 1987 in Aachen
stellte Bauernpräsident Freiherr Heereman ganz unmissverständlich
die Position des Berufsstandes heraus:

*„Wir wollen weg vom Tropf der sinnlosen Subventionen,
stattdessen wollen wir vernünftige Preise für unsere Produkte.
Das ist aber nur zu erreichen, wenn alle 12 EG-Partner
zum Marktausgleich beitragen."*

Am Tropf der Subventionen – das Dauerthema

Georg von Siemens, deutscher Bankier und Politiker (1839 – 1901), machte bereits Ende des 19. Jahrhunderts darauf aufmerksam, dass *„die Über-zeugung von der Not der Landwirtschaft eine Art von Anstandspflicht"* geworden sei. Damit wurde indirekt die Notwendigkeit einer Unterstützung der Landwirtschaft ausgesprochen, die mit Gründung der Europäischen Wirtschaftsgemeinschaft (EWG) und in Fortsetzung der Europäischen Union ein besonderes Gewicht erhalten sollte.

Subventionen für die Landwirtschaft – abgeleitet von lateinisch subvenire = zu Hilfe kommen – werden gemeinhin als Agrarsubventionen bezeichnet, die als staatliche Eingriffe/Politikinstrumente vor allem Preise, Unternehmens- und Haushaltsgewinne bestimmter Gruppen in der Agrar- und Ernährungs-wirtschaft begünstigen. Über das Für und Wider wird gestritten, seit es Agrarsubventionen gibt, aktuell am ehesten in Zusammenhang mit der Brüsseler EU-Agrarpolitik. Kritiker sprechen bei aus Steuermitteln finan-zierten Agrarsubventionen auch gerne von „Marktversagen."

Wie Öffentlichkeit, Wissenschaft, landwirtschaftlicher Berufstand und Politik Agrarsubventionen in den vergangenen 50 Jahren beurteilt haben, belegt die nachfolgende Zitatenauswahl.

„Es erscheint mir bedenklich, wenn die Offizialberatung ihre Arbeitskapazität immer mehr auf das Ausfüllen von Förderanträgen verwenden muss, anstatt ihre eigentlichen Aufgaben, nämlich die betriebliche Beratung, wahrzunehmen."

Otto Graf Lambsdorff 1989, Bundesminister für Wirtschaft
(1977–1982 und 1982–1984)

„Ohne Land- und Forstwirtschaft, ohne Fischerei, Schiffs- und Weinbau würde unser ganzes Subventionswesen zusammenbrechen."

Josef Ertl (1925–2000), Bundeslandwirtschaftsminister

„Wir brauchen eine Grundhaltung, die nicht nur Forderungen an den Staat und das Gemeinwesen kennt, sondern zunächst einmal Leistung."

Freiherr Heereman zum Jahreswechsel 1982/83 im
Landwirtschaftlichen Wochenblatt Westfalen-Lippe

„Manchmal müsste man den Eindruck haben, wir Bauern seien zu lästigen Subventionsempfängern geworden, deren unbestreitbare Leistungen zur Geldwertstabilität und Nahrungsmittelversorgung einfach unter den Teppich gekehrt werden."

Freiherr Heereman Januar 1985 in Meinerzhagen

„Was Agrarpolitik ist, kann nicht allein an den Subventionen gemessen werden. Bäuerliche Betriebe sind die Bausteine einer freiheitlichen Gesellschaftsordnung."

Freiherr Heereman, Int. Grüne Woche
1988 in Berlin

„Weitere Bonner Milliarden fürs Landvolk – und noch mehr Bauernzorn."

Der Spiegel 28/1987

„Wir können auch jeder Henne ein Einfamilienhaus bauen, wenn das Ei mit 300 DM bezahlt wird."

Freiherr Heereman 1988 in Borken

„Subventionen vor allem im Agrarsektor gehören abgeschafft."

ZEIT-online, Juni 2009

„Wir wollen keine Landwirtschaft, die von Subventionen lebt. Das will die Gesellschaft auch nicht."

Freiherr Heereman

„Das Landwirtschaftsministerium hat seit 2008 fast eine Million Euro für Projekte ausgegeben, um die Erntezeit für heimische Öko-Erdbeeren auszuweiten."

Der Bund der Steuerzahler hat besonders skurrile Beispiele für Subventionen gesammelt. Spiegel online, März 2014

„Wo Bauern sich selbst aufgeben, wird auch staatliche Unterstützung versagen."

Ignaz Kiechle, Bundeslandwirtschaftsminister 1989

„Kein Beamter würde sich als Subventions- oder Almosenempfänger beschimpfen lassen."

Alfons Kuhles, Vorsitzender der Deutschen Landjugend (BDL), auf dem Deutschen Bauerntag 1989

„Die deutschen Bauern schlafen gut, weil sie an weitere staatliche Einkommensstützung glauben. Wir Holländer schlafen gut, weil uns auf diese Weise die Marktanteile der deutschen Bauern zuwachsen. Unterschiedlich ausfallen wird das Aufwachen."

Gehört auf der DLG-Fachtagung im September 1987 in Rendsburg

„Für uns sind Subventionen nur Zweitmaßnahmen, und da sie allein nicht ausreichen, müssen wir den Ausgleich über den Preis fordern, wie es der § 1 des Landwirtschaftsgesetzes übrigens vorschreibt."

„Wir kommen nicht aus der Subventionsbedürftigkeit heraus, wenn man uns keine ausreichenden Preise gibt, oder aber als Alternative nicht die Preise für gewerbliche Waren senkt."

Bauernpräsident
Edmund Rehwinkel im Spiegel-Gespräch
am 3. April 1957

„Der EWG-Agrarmarkt beginnt mit den Überschüssen und endet bei den Subventionen.“

Hildesheimer Presse

„Der Bauer will nicht Lohnempfänger des Staates sein. Er will sein Haupteinkommen aus dem Verkauf landwirtschaftlicher Produkte zu einem fairen Preis erzielen“

Freiherr Heereman 1991

„Landwirtschaft kann nicht allein deshalb aus Steuermitteln unterstützt werden, weil sie Landwirtschaft ist, sondern weil sie gesellschaftlich wertvolle Leistungen erbringt – bei der Produktqualität ebenso wie bei der Erhaltung von Kulturlandschaften und beim Schutz unserer Grundwasserressourcen.“

Bundespräsident Horst Köhler auf dem Deutschen Bauerntag 2007 in Bamberg

„Eigentliche Subventionsempfänger sind aber nicht die Unternehmen, sondern die Landwirtschaft und die Verkehrswirtschaft.“

Hans-Olaf Henkel, Präsident des Bundesverbandes der Deutschen Industrie (BDI), 1999

„Wir müssen an die Subventionen ran. In Deutschland gibt es 16 000 verschiedene Subventionstatbestände, das können wir uns nicht mehr leisten. Jede einzelne muss auf den Prüfstand.“

Dieter Rampl, Vorstandsvorsitzender der HypoVereinsbank, 2003

„Mit dem Leben im früheren Stil ist es vorbei … Deutsche Sozialsysteme und französische Agrarsubventionen für Polen – das ist unbezahlbar. Der Osten wird also den Westen verändern.“

Die niederländische Zeitung De Volkskrant vom 8. Mai 2004

„Es sind die hohen Agrarsubventionen für LPG-Nachfolger und ehemalige DDR-Agrarkader, die bis heute eine bäuerliche Landwirtschaft in Ostdeutschland verhindert haben …

Jörg Gerke, April 2013

„Der Staat kann keinem Unternehmer ein ausreichendes Einkommen garantieren, sondern höchstens Signale setzen.“

Ulrich Köster, Kiel, Agrarwissenschaftler

„Im EU-Agrarhaushalt gibt es Geld für alles, was man sich so vorstellen oder auch nicht vorstellen kann: von der Subventionierung von „Seidenraupen und Seidenraupeneiern" über den „Export für in Form von bestimmten alkoholischen Getränken ausgeführtes Getreide" bis hin zur Subventionierung der „privaten Lagerung von Tintenfischen" bzw. der Subventionierung der „Lieferung von reinrassigen Zuchtkaninchen auf die französischen überseeischen Departements."

Lutz Ribbe, 2002

„Es geht nicht, dass wir als teure Lebensmittelproduzenten in Europa ausgerechnet den subventionierten Export ständig verstärken müssen, weil zu viel produziert wird. Aber wenn wir da nachgeben, müssen auch die Amerikaner im GATT zusichern, dass sie Europa nicht mit Futtermitteln vollpumpen."

Ignaz Kiechle 1992

„Alles was wir selber tun können, ist besser als staatliche Maßnahmen."

Freiherr Heereman

„Eine australische Kuh könnte von Melbourne nach Frankfurt 1. Klasse im Jumbo fliegen und wäre dann einer nach der EWG-Rindfleischordnung subventionierten europäischen Kuh gegenüber immer noch wettbewerbsfähig."

J. W. Hovard, Australischer Sonderminister für EWG-Angelegenheiten

„Das Dilemma von staatlichem Dirigismus und von Subventionen ist, dass bei den Landwirten eine gefährliche Mentalität erzeugt wird. Viele Landwirte verhalten sich in ihren betrieblichen Entscheidungen so, als seien sie Sozialpartner des Staates und nicht freie Unternehmer."

Otto Graf Lambsdorff 1989, Bundesminister für Wirtschaft (1977–1982 und 1982–1984)

81

„Es wird deutlich, dass die Bauern keineswegs die ewigen Kostgänger sind, die nur am Tropf des Staates ihr Einkommen erzielen können. Landwirtschaft produziert für den Markt und verdient ihr Geld auf dem Markt. Wenn sich diese Einsicht durchsetzt, kann dies dem Ansehen und dem Selbstbewusstsein der Bauern nur dienlich sein."

Stefan Tangermann, OECD-Direktor für Landwirtschaft und Handel, im FAZ-Interview 2007

„Die dickste Kohle für die reichsten Bauern"

Der Stern im März 2006 zur Verteilung der Agrarsubventionen

„Der Ruf nach dem Staat passt nicht so recht zu einer Landwirtschaft, die das Unternehmertum hochhält."

Freiherr Heereman

„Agrarsubventionen verschärfen die Probleme und fördern zudem Konzentrationsprozesse bei Mast- und Schlachtbetrieben, womit Arbeitsplätze verloren gehen. Die pauschale Subventionierung der Massentierhaltung muss deshalb durch gezielte Förderung besonders nachhaltiger Fleischerzeugung und regionaler Verarbeitung ersetzt werden."

Hubert Weiger, Vorsitzender des Bund für Umwelt und Naturschutz (BUND), 2011

„Dieser Irrsinn hat nun ein Ende. Zum 1. Januar 2010 hat die EU diese absurde Subventionierung des Tabakanbaus eingestellt."

Michael Vaupel, Februar 2010

„Es steht nicht in meiner Macht, den Bauern zu einem auskömmlichen Dasein zu verhelfen. Ich sehe und unterstütze auch das berechtigte Anliegen der Bundesregierung, nicht zu einer Subventionspraxis zurückzukehren, die sich als Irrweg erwiesen hat."

Horst Köhler, Bundespräsident (2004–2010), am 29. September 2009 bei Überreichung der Erntekrone

„Derzeit sind rund 90 Prozent der Subventionen nicht an anspruchsvolle Nachhaltigkeitsziele gebunden."

Bund für Umwelt und Naturschutz Deutschland (BUND) 2007

*„Subventionen?
Nein Danke!"*

Oswald Iten,
Schweizer Journalist, publiziert
im Brückenbauer 1996

*„Ich kenne keinen, der so weit
aussteigt, dass er für öffentliche
Gelder nicht mehr erreichbar
wäre."*

Freiherr Heereman

*„Vielleicht bauen die Häftlinge im Garten
der Justizvollzugsanstalt Niederschönen-
feld in Bayern Bohnen an – oder eine
andere Schalenfrucht, die von der EU
gefördert wird. Im Jahr 2009 erhielt
das Gefängnis jedenfalls fast 45.000 Euro
aus den EU-Agrarfonds."*

N24 Nachrichten, Mai 2010

*„Die Rückführung der Agrarsubventionen
wird die Weltmarktpreise steigen lassen."*

Michael Brüntrup, Deutsches Institut für Entwicklungspolitik
(DIE), August 2009

*„Ich beobachte pausenlos,
wie Gelder ohne Sinn
und Verstand verteilt
werden."*

Horst Seehofer,
Bundeslandwirtschaftsminister 2006,
der beim EU-Agrarministertreffen
in Finnland die Fehlverteilung
von öffentlichen Mitteln für die
Landwirtschaft und den ländlichen
Raum kritisierte.

*„Wenn man so vehement für die Offen-
legung der Agrarsubventionen eintritt
und damit die Bauern den Anfeindungen
der Neidgesellschaft aussetzt, wäre die
Offenlegung der Bezüge der EU-Beamten
und Abgeordneten auch wünschens-
wert."*

Jochen (anonym) im Internet 2008

„Öffentliche Gelder können nicht im Geheimen vergeben werden."

Robert Habeck, Landwirtschaftsminister von Schleswig-Holstein, Oktober 2012

„Ein krankes System nur mit neuer Farbe anzustreichen, anstatt es fundamental neu auszurichten, reicht bei weitem nicht. Die gesellschaftliche Akzeptanz für die finanzielle Förderung von Landwirten geht dabei weiter in den Keller."

Matthias Meissner, Agrarreferent WWF Deutschland, Februar 2010

„Agrarsubventionen: Die dickste Kohle für die reichsten Bauern."

Hans-Martin Tillack (*1961), deutscher Journalist

„Landwirte, die nach Subventionen schreien, machen etwas falsch."

Gabriele Probst, Biobäuerin in der Nähe von Dresden, Januar 2013

„Verändern und steuern wollen wir vor allem über die Vergabe von Subventionen, von denen künftig eher kleine und mittelgroße Höfe sowie die Biolandwirtschaft profitieren sollen."

Christian Meyer als designierter niedersächsischer Landwirtschaftsminister im FAZ-Gespräch, Februar 2013

„Die Politik, insbesondere die EU, subventioniert entgegen jeder Vernunft und Moral die Fleisch- und Milchindustrie massiv mit Steuergeldern."

Ernst Walter Henrich, Vegan 2013

„Eine subventionierte Ausdehnung der Bioenergie-Fläche per se als Erfolg anzusehen, wie dies in den vergangenen Jahren häufig geschah, ist nicht länger sinnvoll."

Gutachten „Erwartungen der Gesellschaft an die Landwirtschaft", Münster/Braunschweig 2013

„Esel in der Schweiz gelten als treibstofffreie Rasenmäher: Sie sollen struppige Wiesenflächen und Berghänge sauber fressen. Ein Sprecher des Bundesamtes für Landwirtschaft sagt, dass Ziegen dafür eigentlich besser geeignet seien. Aber Esel sind die lohnenderen Subventionsbeschaffer: Immerhin gibt es bis zu 250 Franken pro Tier."

Die Zeit, Juni 2012

„Ich würde sofort die EU-Direktzahlungen für kleine und mittlere Betriebe massiv erhöhen und für industrielle Betriebe massiv zusammenstreichen. Das hat mich schon als Landwirtschaftsminister geärgert. Die Direktzahlungen sind für mich eine Entschädigung für die Pflege unserer Kulturlandschaft. Es ist ein krasses Missverhältnis, wenn ein Betrieb Millionen bekommt und ein anderer ein paar tausend Euro. Es steuert auch Strukturen in eine falsche Richtung."

Horst Seehofer, Ministerpräsident von Bayern, Juli 2013

„Die Absurdität und Widersinnigkeit der EU-Subventionen wird auch dadurch deutlich, dass man einerseits Kampagnen gegen den Tabakkonsum finanziert, gleichzeitig aber bis zum 1.1. 2010 über viele Jahre hinweg den Tabakanbau subventionierte und damit Steuergelder verschwendete."

Jean Ziegler, ehemaliger CH-Nationalrat und UNO-Sonderbeauftragter, 2013

„Brüsseler Sp®itzen."

Titel eines Zeit-online Beitrages

„Das Bauerntum ist längst weitgehend ausgelöscht worden. Was gern als moderne, zukunftsfähige und kredit- und förderwürdige Landwirtschaft dargestellt wird, ist ein wahres Meisterwerk an Subventionskunst."

Der Spiegel, Februar 2013

„Poker um Agrarsubventionen geht nach der Wahl weiter."

Spiegel online, August 2013

„Die Subventionsgeneration lässt grüßen, der Wohlstand macht sie blind, die Politik nutzt es aus."

Albert Kallfelz, Winzer von der Mosel

„Subventionen dürfen, wenn überhaupt, dann nur an solche Betriebe vergeben werden, die verantwortungsvoll handeln und nachhaltig mit unseren Ressourcen umgehen. Es sollte bei Subventionen nicht um die Masse gehen, sondern um das Wie."

Max Moor,
Schweizer TV-Moderator und Biobauer in Brandenburg, 2014

7.

Zurück zur Natur – solange noch etwas davon übrig ist. Natur- und Umweltschutz aus unterschiedlicher Perspektive

7.

„Es bewegt sich was in der deutschen Landwirtschaft.
Nicht nur, dass es unseren Bauern wirtschaftlich
besser geht, sondern auch die Gedanken
der artgerechten Tierhaltung und der Nachhaltigkeit
scheinen sich durchzusetzen."

Bundespräsident Horst Köhler, Januar 2008

Zurück zur Natur – solange noch etwas davon übrig ist. Natur- und Umweltschutz aus unterschiedlicher Perspektive

Anfang der 80er Jahre entstanden die ersten Agrarumweltprogramme mit Förderung einer extensiv geführten Landwirtschaft – unter Vorgabe des europäischen Naturschutzrechtes und einer bewussten Landschaftserhaltung. In den Verträgen von Maastricht (1992) wurde dann die agrarpolitische Integration des Umweltschutzes fest verankert.

An einer der Kernfragen *„Wie viel Natur- und Umweltschutz verträgt die Landwirtschaft?"* entzündete sich die Diskussion der unterschiedlichen Lager, insbesondere zwischen den Vertretern der herkömmlichen Landwirtschaft und der Naturschutzverbände. *„Jetzt kommen grüne Heilsverkünder daher und wollen den Bauern in schon fast mystischer Verklärtheit beibringen, wie man mit der Natur, dem Boden und den Nutztieren umzugehen habe"*, heizte Freiherr Heereman 1981 auf dem Unterfränkischen Bauerntag die Auseinandersetzung mit den Naturschützern an, die sein verbandspolitisches Wirken dauerhaft begleiten sollte.

Am Ende seiner Amtszeit gesteht Freiherr Heereman auch Fehler in der politischen Lobbyarbeit ein, indem er bekennt: *„Vielleicht hätten wir uns noch früher für grüne Themen einsetzen müssen, noch bevor sich NABU und andere Verbände gründeten."* Vorangestellt werden ein paar Grundgedanken zum Verhältnis Mensch und Natur.

> *„Wir Bauern und Forstwirte können nicht vernünftig wirtschaften, wenn an jedem Kuhschwanz ein Paragraph baumelt und an jedem dicken Baum eine Vorschrift."*
> Freiherr Heereman 1983

„Richtiges Recycling: Die Kuh gibt Milch, die wird getrocknet, die bekommt die Kuh wieder zu fressen."
Hans Apel, Bundesverteidigungsminister (1978–1982)

„Wir müssen die Natur nicht als unseren Feind betrachten, den es zu beherrschen und überwinden gilt, sondern wieder lernen, mit der Natur zu kooperieren. Sie hat eine viereinhalb Milliarden lange Erfahrung. Unsere ist wesentlich kürzer."
Hans-Peter Dürr (*1929), dt. Physiker, 1987 Alternativer Nobelpreis.

„Ich arbeite gern mit sachlichen Natur- und Tierschützern zusammen, aber nicht mit Piepmatz-Ideologen, bei denen man zuweilen nicht sicher weiß, ob deren Vogel nur in Feld und Wald angesiedelt ist."
Freiherr Heereman 1986

„Bauern und ihre Familien. Erst kommt die Existenzsicherung, dann der Naturschutz."
Freiherr Heereman auf dem Deutschen Bauerntag in Aachen 1987

„Der Mensch beherrscht die Natur, bevor er gelernt hat, sich selbst zu beherrschen."
Albert Schweitzer (1874–1965)

„Die Schwärmerei für die Natur kommt von der Unbewohnbarkeit der Städte."
Bertolt Brecht (1898–1956), dt. Dramatiker und Dichter

„Der Mensch hat die Natur bekämpft und besiegt, jetzt muss er seine eigene Natur bekämpfen."
Dennis Gabor, Nobelpreisträger (1900–1979)

„Während die Philosophen noch streiten, ob die Welt überhaupt existiert, geht um uns herum die Natur zugrunde."
Karl Raimund Popper (1902-94), brit. Philosoph und Wissenschaftslogiker österreichischer Herkunft

„Jetzt kommen grüne Heilsverkünder daher und wollen den Bauern in schon fast mystischer Verklärtheit beibringen, wie man mit der Natur, dem Boden und den Nutztieren umzugehen habe."

Freiherr Heereman 1981 auf dem Unterfränkischen Bauerntag

„Es muss endlich Schluss sein mit der Umwelthysterie, die uns Bauern beibringen will, schon dann ein schlechtes Gewissen zu haben, wenn wir das Güllefass, das noch leer ist, an den Schlepper hängen."

Freiherr Heereman 1984 auf der Bauern-Demo in Dortmund

„Wenn wir die Natur auf das reduzieren, was wir verstanden haben, sind wir nicht überlebensfähig."

Hans-Peter Dürr (*1929), dt. Physiker, 1987 Alternat. Nobelpr.

„So droht der Bauer vom Schöpfer und Erhalter der Kulturlandschaft zu deren Feind zu werden."

Josef Jacobi, Biobauer aus Körbecke kritisiert die Auswirkungen der EU-Politik

„Wir stellen uns der Herausforderung, den Reichtum unserer Pflanzen- und Tierwelt zu erhalten. Dabei vertrauen wir in besonderer Weise auf die Mithilfe der in unserer Landwirtschaft Arbeitenden."

Bundeskanzler Helmut Kohl
in seiner Regierungserklärung
am 12. Oktober 1982

„Zurück zur Natur – solange noch etwas davon übrig ist."

Theodor Heuss, Bundespräsident (1884–1963)

„Das Liebesleben eines Brachvogelpaares darf nicht wichtiger werden als das Überleben der Bauern und ihrer Familien. Erst kommt die Existenzsicherung, dann der Naturschutz."

Freiherr Heereman im Juli 1987 auf dem Deutschen Bauerntag

„Der Mensch braucht die Natur, die Natur den Menschen nicht. Der Mensch ist Teil der Natur, er ist ihr nicht übergeordnet. Erst wenn er das begreift, hat er eine Überlebenschance."

Bundespräsident Richard von Weizsäcker 1990

„Es geht nicht an, dass wir in Tierschutz- und Umweltschutzbelangen im europäischen Konzert immer die erste Geige spielen und die Musik auch noch selbst bezahlen müssen."

Freiherr Heereman 1988

„Wir sind doch heute soweit, dass ein toter Seehund mehr Mitleid in der Öffentlichkeit erregt als das Schicksal einer Bauernfamilie, deren Existenz vernichtet wurde."

Freiherr Heereman 1988 beim Kamingespräch auf der Surenburg/Riesenbeck

„Unsere Wirtschaft befindet sich erst dann im Gleichgewicht, wenn sie nicht schneller produziert und konsumiert, als für die Natur verkraftbar ist."

Uwe Jens (*1935), dt. Politiker (SPD)

„Ich sehe schon den Tag kommen, da auch Eisen als schädlich für die Fütterung von Kälbern angesehen wird."

Freiherr Heereman 1989

„Was machen wir eigentlich mit der Umwelt, wenn sie nicht mehr vergiftet ist?"

Wolfgang Neuß, Kabarettist (1923 – 1989)

„Aus Gülle, stickstoffhaltigem Handelsdünger und Pflanzenschutzmitteln wird eine ökologische Katastrophenmalerei heraufbeschworen."

Freiherr Heereman auf dem Deutschen Bauerntag 1989 in Würzburg

„Jeder will zurück zur Natur, aber keiner zu Fuß."

Alois Glück (*1940), bayerischer Politiker (CSU)

„Auch wir Landwirte haben ein Existenzrecht – nicht nur Orchideen und Schmetterlinge."

„Wenn das Tier über dem Menschen steht, dann werden ich und der Deutsche Bauernverband nicht mehr mitmachen."

„Selbst der Rülpser einer Kuh ist mittlerweile verantwortlich für das Ozonloch."

„Die Umwelthysterie hat hierzulande beängstigende Formen angenommen. Wir dürfen nicht einmal mehr das Wort Gülle in den Mund nehmen."

Freiherr Heereman auf dem Deutschen Bauerntag 1989 in Würzburg

„Lieber unseren Mist als euren Atomdreck."

Demonstrierende Bauern in Gorleben

„Nutztierhaltung muss art- und tierschutzgerecht sein, darf aber nicht mit den Maßstäben eines Schoßhundehalters gemessen werden."

Freiherr Heereman 1991

„Die Trumpfkarte der Landwirtschaft ist ihre Einbindung in die Natur."

Antonius Nienhaus, CMA-Geschäftsführer 1999

„Eigene Erfahrungen können die Kinder und Jugendlichen kaum mehr sammeln. Was für viele aus meiner Generation selbstverständlich war, nämlich im Sommer auf dem Bauernhof zu helfen oder selbst im Garten zu arbeiten, fällt heute unter die Rubrik ‚exotisch'. Da wundert es kaum, dass manche Kinder glauben, dass eine Kuh am Euter elf Zitzen hat oder ein Huhn pro Tag mehr als sechs Eier legen kann."

Bauernpräsident Gerd Sonnleitner zur Naturentfremdung von Kindern und Jugendlichen, 2010

„Gülle einer Kuh reicht für 1 000 Kilowattstunden."

Agra-Europe, Presse- und Informationsdienst April 2014

„Seit wir gelernt haben, das Gleichgewicht der Natur zu zerstören, sind Kriege überflüssig geworden."

Oliver Hassencamp (1921 – 1988), deutscher Kabarettist

„Man kann tun und lassen, was man will, es ist immer falsch."

Freiherr Heereman, der 1998 als Präsident des Deutschen Jagdschutzverbandes (DJV) mit Jochen Flasbarth, dem Präsidenten des Naturschutzbundes Deutschland (NABU), ein Grundsatzpapier (Gemeinsame Verantwortung für Natur und Umwelt) unterzeichnet hatte und dafür aus den eigenen Reihen kritisiert worden war.

„Düngen bis das Meer tot ist".

Überschrift in der Tageszeitung vom 3. September 2013 zur neuen Düngeverordnung

„Inzwischen wissen wir, was uns noch blüht - nämlich immer weniger!"

Gerhard Uhlenbruck (*1929), deutscher Aphoristiker, Immunbiologe und Hochschullehrer

„Würde man Vogelgezwitscher, saubere Luft und bäuerliche Gelassenheit in Euro berechnen, könnte man sehen, was man so nur fühlen kann: Auf dem Land leben lauter Milliardäre."

Gabor Steingart, Handelsblatt-Herausgeber

„Für mich darf jedoch die Nachhaltigkeit nicht auf die Erhaltung der Umwelt begrenzt werden. Unser europäisches Leitbild von Nachhaltigkeit ist neben den ökologischen auch an ökonomischen und sozialen Zielen auszurichten und muss die ethischen und kulturellen Werte mit einschließen."

EU-Agrarkommissar Franz Fischler 2000

„Die Umweltschützer können der Regierung das Abwasser nicht reichen."

Hanns-Hermann Kersten (1900–1996), Schriftsteller

„Die Wetterkapriolen werden uns weiter begleiten. Und da muss man dem Herrgott Hilfestellung leisten."

Franz-Josef Möllers, Präsident des Westfälisch-Lippischen Landwirtschaftsverbandes, zum verstärkten Einsatz von Beregnungsanlagen im Ackerbau, 2010

„Wir sollten versuchen, die Süchte unserer Zeit wieder mehr auf unsere Lüste umzulenken. Was wäre, wenn immer mehr Leute plötzlich statt Lärm wieder Vogellieder hören und statt Abgas wieder Waldluft atmen möchten? Was wäre, wenn immer mehr Menschen plötzlich wieder Lust verspürten, in Flüssen zu baden und aus Quellen zu trinken?"

Hubert Weinzierl (*1935), dt. Naturschützer, 1983-98 Vorsitzender Bund für Umwelt und Naturschutz (BUND)

„Stopp dem Landfraß!"

Aktion des Deutschen Bauernverbandes und seiner Landesverbände gegen den Verlust von landwirtschaftlichen Nutzflächen, 2011

„Um Pflanzen zu schützen, setzen Landwirte auch Pillen und Spritzen ein."

1x1 der Landwirtschaft 1980 (i.m.a.)

„Umweltpolitik heißt heute Bekämpfung des Menschen im Sinne der Natur."

Manfred Rommel (1928–2012), 1974–1996 Oberbürgermeister von Stuttgart

„Auch der Gestank von Gülle gehört zum Leben, das können wir nicht wegargumentieren."

Carl Vierboom, Diplom-Psychologe, Hennef

„Man könnte froh sein, wenn die Luft so rein wäre wie das Bier."

Bundespräsident Richard von Weizsäcker

„Wir sind an eine Welt voll Verschwendung gewöhnt und nennen das Wohlstand."

Ernst Ulrich von Weizsäcker, SusCon, Dezember 2013

„Hier wächst Margarine!"

Werbespruch der Ernährungsindustrie mit Hinweis auf die beginnende Rapsblüte

„Billige Lebensmittel sind nur scheinbar preiswert – in Wahrheit kosten sie uns nicht weniger als die Erde."

Prinz Charles (*1959), bei einer Diskussion auf Schloss Langenburg (Baden-Württemberg) im Juni 2013

„Wir fordern das Europäische Patentamt auf, die Konsequenzen zu bedenken und Patente auf Pflanzen und Tiere nicht zu erlauben."

Bauernverbandspräsident Gerd Sonnleitner 2011 in München

„Um den Ausbau der erneuerbaren Energien weiter voranzubringen, wird nachhaltig erzeugte Biomasse auch in Zukunft unverzichtbar sein."

Bundeskanzlerin Angela Merkel im top agrar-Interview (8/2013)

„Jeder Chinese muss dazu beitragen, den Ausstoß von Klimagasen zu reduzieren. Da tragen wir eine große Verantwortung, gerade weil wir so viele sind."

Yang, in Claus Kleber: Spielball Erde: Machtkämpfe im Klimawandel, 2012

„Ebenso wie wir auf 100 Prozent erneuerbare Energien angewiesen sind, werden auch Lebensmittel zu 100 Prozent ökologisch erzeugt werden müssen."

Felix Prinz zu Löwenstein, Ökobauer (BÖLW),2013

„Die Rückgabe von Flächen an die Natur mag da und dort sinnvoll sein, ist aber insgesamt kein Rezept für eine positive Landentwicklung."

Franz Fischler 2013

„Scheiß Natur – zurück zum Beton!"

Graffito

„Landschaftsschutz und sichere Deiche.“

Aktion der Berufsschäfer, die auf ihre Notlage sowie ihre Leistungen für Natur und Gesellschaft aufmerksam machen (April 2014)

„Die gewaltigen Herausforderungen, den Klima-wandel zu bremsen und die Ernährung einer wach-senden Weltbevölkerung zu sichern, verlangen ein radikales Umsteuern in der Ernährungswirtschaft.“

Jan Plagge, BÖLW-Vorstand, Januar 2013

„Man muss in der Landwirtschaft in Zusammen-hängen denken, um etwas zu erreichen.“

Stephanie Franck (Oberlimpurg), Vorstandsmitglied im Bundesverband Deutscher Pflanzenzüchter, 2014

„Bereits heute bestehen 19 Prozent der Fläche aus Landschaftselementen wie Hecken, Bachläufen und Biotopen, und das ohne die ökologischen Vorrangflächen.“

Hermann Färber, Bundestagsabgeordneter zur Umsetzung der EU-Agrarreform

„Täglich verschwinden in Deutschland 70 Hektar unbebaute Fläche, fast jede dritte Tierart ist bedroht.“

Ulrike Höfken, Landwirtschaftsministerin von Rheinland-Pfalz, die eine neue Biodiversitätsstrategie fordert

„Wilde Natur ist nicht nur für Tiere und Pflanzen unverzichtbar, sondern auch für uns Menschen.“

Barbara Hendricks, Bundesumweltministerin

„Öko-Landbau ist eine Herausforderung, aber auch eine Chance für die deutsche Landwirtschaft.“

Bauernpräsident Gerd Sonnleitner 2009

„Die Zeitschrift ‚Landlust‘ ist so erfolgreich, weil wir endlich mal unsere verdammte Ruhe haben wollen in dieser Welt. Bevor wir sie für immer verlassen.“

Sibylle Berg über die Sehnsucht nach Landleben, Spiegel online, Sept. 2012

8.

Alle nur Petersilien-Gurus? – Die alternative Landwirtschaft

8.

Ein Jahr später setzt der Bauernpräsident mit folgender Aussage
noch eins drauf:

*„Manchmal hat man das Gefühl, wir Bauern
sollen in den vielen Schutzgebieten nur noch Petersilie anbauen
und Grün-Gurus werden."*

Alle nur Petersilien-Gurus?
– Die alternative Landwirtschaft

In den 80er Jahren suchten landwirtschaftliche Betriebe nach Alternativen zur herkömmlichen Landwirtschaft. Der ökologische Landbau, orientiert an einer nachhaltigen Wirtschaftsweise, war der eine, die regionale Vermarktung der andere Weg. In den Anfängen wurden diese Bemühungen der „Ökobauern" vielfach belächelt und nicht so richtig ernst genommen.

Auch Bauernpräsident Freiherr Heereman begegnete dieser neuen ökologischen Bewegung mit viel Skepsis: *„Eine Landwirtschaft mit Dreschflegel, Hacke und Sense kann nicht den Fortschritt ersetzen"*, betonte er anlässlich des 20. Kamingespräches 1988 auf der heimatlichen Surenburg.

Die viele Emotionen aufwühlende Kontroverse zwischen konventionell wirtschaftenden Landwirten und Biobauern war ein Richtungsstreit um die richtige Landwirtschaft. Tatsächlich haben die Diskussionen und der Wettstreit zwischen „konventionell" und „alternativ" in den 80er und 90er Jahren zu Spannungen und sogar Spaltungen innerhalb des landwirtschaftlichen Berufsstandes geführt, die nicht selten heftige bis unversöhnliche Wortgefechte nach sich zogen. Die nachfolgende Zitatensammlung gibt davon Zeugnis.

„Man kann in der Natur nichts verbessern: Man muss mit der Natur kooperieren und sie beobachten, statt sie zu bekämpfen."

„Ist die Erde gesund, ist das Tier gesund, ist der Mensch gesund."

„Vielfalt statt Einfalt."

Sepp Holzer (*1942), österreichischer Landwirt und Buchautor

„So viel Geld für Spinnereien."

„Wer zurück zu den Landbaumethoden des vorigen Jahrhunderts will, muss sich fragen lassen, ob er auch die Wiedereinführung von Lebensmittelkarten und noch mehr Hunger in der Welt will."

Freiherr Heereman Int. Grüne Woche 1980 in Berlin

„Allein Grün macht nicht selig, es muss auch Geld damit verdient werden."

Freiherr Heereman auf dem NRW-Gartenbautag 1983 in Essen

„Eine Extensivierung der Landwirtschaft, da glaub' ich nicht dran."

Freiherr Heereman 1988

„Wer den alternativen Landbau bevorzugt und einen Markt findet, sollte es tun, eine gute Sache. Niemand möge aber so tun, als sei es möglich, alle 3.300 Landwirte im Kreis Höxter-Warburg zu ‚Petersilien-Gurus' umzufunktionieren."

Freiherr Heereman 1988

„Wir müssen aufhören, zwischen alternativer und konventioneller Landwirtschaft zu unterscheiden. Die alternativen Betriebe produzieren nicht besser."

Freiherr Heereman 1989

„Wir leben im Zeitalter übertriebener Ökologie-Schwarmgeisterei, ich will nicht von Wiedertäuferei sprechen."

Freiherr Heereman 1990

„Ich habe Betriebe nie unter dem Gesichtspunkt von Hektaren gesehen, weil es ein großer Unterschied ist, ob ich 100 ha Sandboden bewirtschafte oder ob ich 100 ha mit 80er Böden habe, also Spitzenböden."

Freiherr Heereman 1991

„Nur eine leistungsfähige Landwirtschaft kann auch wirklichen Umweltschutz leisten."

Freiherr Heereman

„Landwirtschaft darf kein Freilichtmuseum sein, wo technischer Fortschritt ausgeschlossen bleibt."

Freiherr Heereman 1992

„Die industrielle Landwirtschaft und traditionelle Biolandwirtschaft boten keine Lösung, es blieb nur der biologisch-dynamische Landbau nach Rudolf Steiner. Wer Biodynamik kritisiert, hat keine Ahnung, die Theorie ist einfach logisch."

Raoul Cruchon, der mit seinem Bruder als einer der Schweizer Sortenkönige gilt (Tagesanzeiger CH vom 05. Juni 2004)

SPIEGEL ONLINE **WIRTSCHAFT**

„Auch die schlimmste Wirtschaftskrise kann dem Öko-Boom in Deutschland nichts anhaben."

Spiegel online 2010

„Wir hatten schon Feriengäste hier, die als passionierte Fleischesser kamen und als überzeugte Veganer nach Hause fuhren."

Karin Mück, Stiftung für Tierschutz

„Hof Butenland versteht sich als Ort der respektvollen Begegnung zwischen Tier und Mensch."

„Tiere sind keine Handelsgüter oder Produkte, sondern intelligente, denkende, fühlende und vor allem absolut liebenswerte Mitgeschöpfe."

„Wir wollen durch gutes Beispiel Liebe und Verständnis für die Tierwelt wecken."

„Unsere Landwirte werden sich hüten, den Boden auszubeuten, der ihnen Kapital bringen soll."

Präambel der Stiftung für Tierschutz, Butjadingen

„Jesus würde Bio kaufen."

WWF präsentiert Tipps und Fakten für umweltfreundliche Ostern

„Bei der Herausgabe einer solchen Broschüre ist mit hoher Wahrscheinlichkeit von einer Störung des Wettbewerbs und der Wirtschaft auszugehen, insbesondere in Konkurrenz zu Wirtschaftsunternehmen, die keine ökologischen Produkte produzieren bzw. vertreiben. Damit ist die Fördervoraussetzung nicht erfüllt."

Ablehnender Förderungsbescheid im November 2008 der Bundesanstalt für Arbeit/Arbeitsamt Magdeburg über einen Antrag des BUND Sachsen-Anhalt auf Förderung einer Arbeitsbeschaffungsmaßnahme „Erstellung eines Einkaufs- und Vermarktungsführers zur Stärkung der Regionalvermarktung ökologischer Produkte im Land Sachsen-Anhalt."

„Als durch die kriminellen Machenschaften eines Futtermittelherstellers Dioxin in Eier gelangte, verkündete Minister Remmel eine hohe Gesundheitsgefahr. Und heute? Nach dem Fund von Dioxin-belasteten Eiern auf einem Biohof sei die Belastung viermal so hoch wie damals. Und was sagt Remmel heute? „Der sagt, es bestehe keine Gesundheitsgefahr. Mir scheint es so, als ob es für den Minister gutes und weniger gutes Dioxin gibt."

WLV-Präsident Franz-Josef Möllers 2012

„Wir Bauern sind daran interessiert, dass das Bild der Landwirtschaft schon frühzeitig unseren Kindern objektiv vermittelt wird – aber ohne biologische Schönfärberei, romantische Verfremdungen und ökologische Träumereien."

Freiherr Heereman

„Dank der neuen EU-Kennzeichnung haben europäische Verbraucher und Bauern deutlich bessere Möglichkeiten, sich bewusst für oder gegen gentechnisch veränderte Lebens- und Futtermittel zu entscheiden."

Renate Künast (*1955), Bundeslandwirtschaftsministerin 2001–2005

„Gentechnik ist der falsche Ansatz, um in den Ländern des Südens den Hunger zu besiegen."

Suman Sahai, Genetikerin und Saatgut-Aktivistin aus Indien

„Gurken aus dem Wolkenkratzer, Fischzucht mitten in der Stadt: Sind Hochhausfarmen eine Alternative zur konventionellen Landwirtschaft?"

Der Spiegel, Mai 2013

„Der künstlich aufgebaute Gegensatz ‚bio – konventionell' versperrt den Blick auf die Tatsache, dass man mit einer Kombination beider Methoden Spitzenerträge erzielen und gleichzeitig den Verbrauch von Kunstdünger und Agrarchemie deutlich senken kann. Darüber liest man nicht viel, steht es doch im Widerspruch der jeweiligen ‚reinen Lehre'."

N. N.

„Die Deutschen geben immer mehr Geld für Biolebensmittel aus – doch dieser Boom geht an der heimischen Landwirtschaft vorbei."

Der Spiegel, Mai 2013

„Die konsequenteste Form der bäuerlichen Landwirtschaft ist eine biologische Landwirtschaft in bäuerlichen Strukturen."

Bernd Voß, ABL-Bundesvorsitzender, 2013

„Es wäre fahrlässig und falsch, Nachhaltigkeit nur mit Ökologie gleichzusetzen. Vielmehr geht es darum, dass die landwirtschaftlichen Betriebe ökonomisch existenzfähig, ökologisch verträglich und sozial verantwortlich wirtschaften."

Udo Hemmerling, stellv. Generalsekretär des Deutschen Bauernverbandes, 2013

„Für unsere Kinder und Kindeskinder, für gesunde Böden und artgerechte Tierhaltung, für schmackhaftes, medikamentenfreies Fleisch und die Biodiversität wünsche ich mir: bodengebundene Tierhaltung!"

Sarah Wiener, Köchin für nachhaltigen Genuss

„Nachhaltigkeit – nicht nur an die nächste Ernte denken."

FAZ-Beilage zur Grünen Woche 2014

„Regio – das neue Bio."

Bundesverband der Regionalbewegung e. V., Feuchtwangen

„Mit dem biologischen Landbau allein sind weder die Nachhaltigkeit umfassend zu verwirklichen noch genügend Arbeitsplätze für die Zukunft zu sichern."

Franz Fischler, ehemaliger EU-Agrarkommissar 2013

9.

Nie mit einem
Landwirtschafts-
minister zufrieden –
was man über
die Anderen denkt

9.

Aber auch die öffentliche Meinung gerät in Misskredit,
wenn Bauernpräsident Freiherr Heereman wiederholt öffentlich bekennt:

*„Ich habe den Eindruck, dass 97 Prozent unserer Bevölkerung
Ahnung von Landwirtschaft haben,
nur die drei Prozent Landwirte
sollen am wenigsten davon verstehen.“*

Nie mit einem Landwirtschaftsminister zufrieden – was man über die Anderen denkt

Politik wird von Menschen gestaltet und von Interessen geleitet. Bei der Durchsetzung agrarpolitischer Ziele treffen Meinungen aufeinander, werden Standpunkte anderer von Dritten bewertet und kommentiert. So urteilen Verbandspräsidenten über Landwirtschaftsminister und EU-Kommissare, Staatssekretäre über Funktionäre und Medien über die Ansichten von Experten.

Auf der anderen Seite stand das Verhältnis zwischen dem stets fordernden landwirtschaftlichen Berufsstand und dem für die Politik verantwortlichen Bundeslandwirtschaftsministerium, das Agrarminister Josef Ertl so kennzeichnete: *„Es wird niemals einen Zustand geben, wo die Landwirtschaft mit einem Landwirtschaftsminister zufrieden ist. Ich glaube, dieser Zustand ist eine Illusion."* Angreifen, Polarisieren und Schwarz-Weiß-Malen gehören zu den strategischen Offensivmitteln, die in der agrar- und umweltpolitischen Diskussion immer wieder zum Einsatz kommen, wie die folgenden Beispiele beweisen.

„Notfalls schreckt der Baron vor ‚Erpressung' nicht zurück. Er will nicht, dass der Schwarze Peter im Streit um die Lebensmittelpreise der Grünen Front zufällt."

Wochenzeitung Die Zeit 1970 über Freiherr Heereman als Nachfolger von Bauernpräsident Edmund Rehwinkel

„Heereman, sei hart wie Stahl: Nimm Dir ein Beispiel an der IG Metall."

Transparente auf der Bauern-Demo 1984 in Dortmund

„Von den sogenannten Grünen lohnt sich's nicht zu reden. So grün wie wir Bauern und ich die Zukunft sehen, können die anderen sie gar nicht machen. Wenn die ihr ‚Grün' durchsetzten, dann würde es selbst in der Wiese rot."

Freiherr Heereman, Int. Grüne Woche 1983 in Berlin

„Kiechle macht - obwohl er Christ - für Deutschlands Bauern auch nur Mist."

Spruchband auf Bauern-Demo am 23. März 1984 in Dortmund

„Wenn sich Minister Möllemann darauf beruft, dass seine Frau vom Bauernhof stammt, dann ist mir das absolut zu wenig."

Freiherr Heereman 1986

„Ein Bundesminister, der nicht nur einmal, sondern ständig mit großen Versprechungen abtritt und sich dann in Brüssel unterbuttern lässt und dann Verschlechterungen unserer Situation noch als Erfolg verkauft, kann nicht erwarten, dass wir dafür Verständnis aufbringen werden. […] Die großen Gesten haben sich später als sehr kleine Brötchen entpuppt."

Freiherr Heereman im März 1987 auf der Bauern-Demo in Münster über Bundeslandwirtschaftsminister Ignaz Kiechle

„In der derzeitigen Situation gibt es niemanden, der mit so subtiler Polemik etwas zu sagen versteht, wie der DBV-Präsident Freiherr Heereman."

Walter Scheel, Bundespräsident 1979

„Der Freiherr Heereman bringt alles mit, was ein bäuerlicher Gladiator heute im EWG-Gerangel braucht: fundierte Sachkenntnis, Solidarität, Eloquenz und Zielstrebigkeit. Mit einer Länge von 1,98 m hat er rein äußerlich die Anziehungskraft eines trigonomerischen Punktes – und er weiß das natürlich. So muss man auch sein Rückgrat an der Länge von 1,98 m messen. Hinzu kommt, dass er von allem etwas hat: Etwas Bauer, etwas Boss, etwas Adel und etwas Grandseigneur – je nachdem, was gerade verlangt wird."

Helmut Müller, Chefreporter der Westfälischen Nachrichten 1971

„Von ihnen fühlt sich die deutsche Landwirtschaft maßlos im Stich gelassen."

Freiherr Heereman über Bundeskanzler Kohl und Bundeslandwirtschaftsminister Kiechle 1992 auf der Bauernkundgebung in Bonn

„Was haben eigentlich Kartoffeln und Frauen gemeinsam? Beide Spezies sind ziemlich teuer im Unterhalt, verfügen über frühreife Exemplare und eine ansprechende Formgebung."

Karl-Heinz Funke, Bundeslandwirtschaftsminister 1998–2001

„Was kann man als Bayer in Bonn schon werden? Verteidigungsminister während der Spiegel-Besetzung, Innenminister während der Abhöraffäre, Finanzminister bei drohender Pleite, Postminister während des Bummelstreiks und Landwirtschaftsminister auf der Höhe des Butterberges."

Hermann Höcherl, Bundeslandwirtschaftsminister 1965–1969, von dem Zeitgenossen sagten: „Er hielt seine Prinzipien immer so hoch, dass er bequem darunter hindurchschlüpfen konnte."

„Wir wären froh, wenn Josef Jacobi aus Körbecke den Bauernverband verlassen würde, aber er will nicht. Also können wir doch gar nicht so schlecht sein."

Freiherr Heereman im Dezember 1988 vor Journalisten (Biobauer Jacobi aus Körbecke ist Mitglied der Arbeitsgemeinschaft ökologischer Landbau und der Arbeitsgemeinschaft bäuerliche Landwirtschaft (AbL)

„Manchmal General, selten Sekretär – aber immer strategischer Vordenker für den Verband."

top agrar-Chefredakteur Heinz-Günter Topüth über den Generalsekretär des Deutschen Bauernverbandes, Helmut Born

„Wo ist der Arbeitnehmer, wo ist der Beamte, der Angestellte, der eine 20-prozentige Einkommenskürzung in Kauf nehmen würde?"

Freiherr Heereman 1984 im Landwirtschaftlichen Wochenblatt Westfalen-Lippe

„Sicco Mansholt war ein solcher Agrarpolitiker. Kraftvoll, geduldig und treffsicher hat er die europäische Agrarpolitik von der ersten Stunde an mitgestaltet. Dabei hat er die Agrarpolitik nicht durch eine enge, sektorale Brille betrachtet, sondern hatte als Vizepräsident und schließlich Präsident der Kommission immer die europäische Einigung, das Zusammenwachsen der Völker im Auge."

Franz Fischler 1997 über den Begründer der europäischen Landwirtschaftspolitik

„Agrarpolitik muss wieder Chefsache werden."

Freiherr Heereman an die Adresse von Bundeskanzler Helmut Kohl 1990

„Die Rede hat gutgetan, weil sie die Leistung der Landwirte unterstützt."

Bauernpräsident Joachim Rukwied über die Aussagen von Bundeskanzlerin Angela Merkel auf dem Deutschen Bauerntag 2013 in Berlin

„Hören Sie doch auf, uns etwas von Ethik in der Agrarpolitik zu erzählen, solange Sie Ihre eigenen Seilschaften nicht im Griff haben, Herr Minister."

Friedrich Ostendorff, Agrarsprecher der Bundestagsfraktion „Bündnis 90/Die Grünen", zu Bundeslandwirtschaftsminister Christian Schmidt

„Andreas Troge sollte doch lieber zur weiteren Motivation der Produzenten beitragen, anstatt die landwirtschaftliche Produktion in Misskredit zu bringen und den Verbrauchern den Appetit zu verderben."

Edmund Geisen, FDP-Bundestagsabgeordneter, Januar 2009, über Äußerungen des Präsidenten des Bundesumweltamtes, wegen des Klimawandels auf Fleischkonsum zu verzichten

„Bauernpräsident Heereman hat mich provoziert, etwas zu tun, was dem Bundespräsidenten eigentlich nach Verfassungsvorschrift untersagt ist: Zur Sache zu sprechen."

Walter Scheel, Grüne Woche Berlin 1979

„Hallo Herr Rukwied! Hallo Bauernverbandsspitze! Aufgewacht! Es bedarf Ihrer Einladung zum Dialog nicht, denn dieser Dialog findet seit langem sehr intensiv auf sehr breiter gesellschaftlicher Basis statt. Es wäre schön, wenn Sie sich nunmehr wirklich ernsthaft und mit wirklichen Argumenten daran beteiligen würden – mit dem Blick auf die damit verbundenen Chancen für mittelständisch-bäuerliche Betriebe und ohne Abhängigkeit von Raiffeisen-, Molkerei-, Futtermittel-, Schlacht- und Agrarchemie-Konzernen und wenigen agrarindustriellen Agrarbetrieben."

Antwort der Arbeitsgemeinschaft bäuerliche Landwirtschaft (AbL) zu der von Bauernverbandspräsident Joachim Rukwied bei seiner Eröffnungsrede zum Deutschen Bauerntag 2014 ausgesprochenen Einladung an alle Gruppen zur Kooperation und zum Dialog über die Umsetzung von Anforderungen beim Verbraucher-, Umweltschutz und Tierwohl.

10.

Lebendige Dörfer
und keine Schlafstätten
für pflastermüde
Städter – Gedanken
über Land & Leute

10.

„Bauern zum Bleiben motivieren,
Umwelt erhalten und ländliche Räume entwickeln.“

So nannte EU-Agrarkommissar Raymond MacSharry (*1938)
sein Programm.

Lebendige Dörfer und keine Schlafstätten für pflastermüde Städter – Gedanken über Land & Leute

Mit dem landwirtschaftlichen Strukturwandel bestand die Gefahr, dass die ländlichen Räume brach fielen und verödeten. Anfang der 90er Jahre hatte die EU-Agrarpolitik nicht nur die Wettbewerbsfähigkeit der europäischen Land- und Ernährungswirtschaft auf der Agenda, sondern sich auch zum Ziel gesetzt, eine ausreichend große Zahl von Landwirten zu halten und damit den ländlichen Raum als Wirtschafts- und Kulturraum zu stabilisieren.

Schon 1974 hatte Freiherr Heereman auf der Bauernkundgebung in Dortmund gewarnt: *„Die Abwanderung aus der Landwirtschaft hat Formen angenommen, die wir uns längerfristig nicht leisten können."* Der Politik wurde Ende der 80er Jahre bewusst (gemacht), dass sich eine Entwicklung des ländlichen Raumes nicht ohne aktiv wirtschaftende Landwirte verwirklichen lassen würde. Bauernpräsident Freiherr Heereman formulierte es unmissverständlich: *„Wir brauchen lebendige Dörfer, nicht Schlafstätten für pflastermüde Städter."* In fast allen späteren Reden plädierte Freiherr Heereman, wie auch seine Nachfolger, nicht allein für die gezielte Förderung einer wettbewerbsfähigen heimischen Landwirtschaft, sondern ebenso für den Erhalt der ländlichen Regionen. Die Aussage *„Wo keine Kühe weiden, kann man keine Touristen melken"* macht deutlich, wie eng eine intakte Landwirtschaft und ein lebensfähiger ländlicher Raum zusammenhängen.

„Wir wollen einen ländlichen Raum,
in dem sich alle wohl fühlen – auch die
Bauern.“

Freiherr Heereman 1985 auf der Int. Grünen Woche in Berlin

„Im ländlichen Raum muss die Infrastruktur verbessert werden für Handel,
Handwerk und Gewerbe, d. h. nicht
nur durch ein paar Großunternehmen,
sondern im Aufbau und Ausbau des
Vorhandenen.“

Freiherr Heereman 1988

„Wir dürfen nicht übersehen, dass der
Strukturwandel in der Landwirtschaft
für den ländlichen Raum und seine
Infrastruktur erhebliche Nachteile mit
sich bringt.“

Freiherr Heereman 1988

„Wenn der letzte Lehrer und mit ihm
auch noch der Pfarrer das Dorf verlassen,
ist der Bildungsnotstand doch perfekt.“

Freiherr Heereman 1989 zum 40-jährigen Bestehen der
Katholischen Landvolkshochschule „Anton Heinen“, Hardehausen

„Der Mansholt-Plan ist auch
gescheitert, weil er überwiegend
Großbetriebe gesehen hat.
Die ländlichen Räume als
Lebensräume kamen in diesem
Plan zu kurz. Die Vielfalt
der Erwerbsmöglichkeiten
innerhalb und außerhalb der
Landwirtschaft, die kulturelle
Dimension und der ländliche
Raum als soziales Modell
wurden damals vernachlässigt.“

Franz Fischler 1997 in „Provokationen eines
österreichischen Europäers“, 1998

„An eine Landschaft erinnert
man sich mit einem ganz
bestimmten Geschmack auf
der Zunge.“

Alain Chapel, französischer Koch

„Vor dem Monumental-
Gebilde EG-Binnenmarkt darf
der ländliche Raum nicht in
Vergessenheit geraten.“

Freiherr Heereman

„Die ländlichen Räume
können nicht das kostenlose
Reservoir für alle Ansprüche
eines zum Teil maßlosen
Wasserverbrauchs werden.“

Freiherr Heereman im Juli 1989

„Vielleicht sollten wir uns wieder mehr auf unvergängliche, um nicht zu sagen ‚heilige‘ Werte besinnen, wie Familie, Nachbarschaft, Dorfgemeinschaft, Heimat und auch Religion.“

Freiherr Heereman 1989 zum 40-jährigen Bestehen der Katholischen Landvolkshochschule „Anton Heinen“, Hardehausen

„Gerade im Zeitalter der Globalisierung, wo nationale Grenzen an Bedeutung verlieren und nationale Politikinstrumente an die Grenzen eigener Gestaltungsmöglichkeiten stoßen, gewinnen die Regionen im Standortwettbewerb an Bedeutung.“

Franz Fischler 2000

„Ich bin davon überzeugt, dass die EU die ländlichen Räume politisch und finanziell unterstützen kann und muss.“

Franz Fischler 2003

„Wir müssen Freunde und Bundesgenossen gewinnen – im ländlichen Raum und bei den anderen Gruppen unserer Gesellschaft.“

Rudolf Schnieders, Generalsekretär des Deutschen Bauernverbandes, 1990

„Ein weiterer Rückgang der Landwirtschaft und damit auch der nachgelagerten Bereiche wird eine Entleerung des ländlichen Raums zur Folge haben.“

Hedwig Keppelhoff-Wiechert (*1939), Landfrauenvorsitzende, 1989

„Die ländlichen Räume in Deutschland sind ein Markenzeichen, das wir weiter stärken müssen."

Gerd Landsberg, Geschäftsführer des Deutschen Städte- und Gemeindebundes, 2013

„Vom Agrarsektor hängt die Lebensqualität in den ländlichen Gebieten ab, aber das ist in der öffentlichen Debatte kein Thema."

Bert Stoutmeijer, PR-Experte über das Verhältnis Landwirtschaft und Gesellschaft in den Niederlanden 2003

„Viele Menschen – auch im ländlichen Raum – haben heute keinen direkten Kontakt mehr zu Landwirten."

Bärbel Höhn, ehemalige NRW-Ministerin für Umwelt und Naturschutz, Landwirtschaft und Verbraucherschutz, 2014

„Räume sind höchst unterschiedlich. Der Königsweg lautet: maßgeschneiderte Lösungen für jede Region."

Gert Lindemann, Staatssekretär im Bundesministerium für Ernährung, Landwirtschaft und Verbraucherschutz 2008

„Um den ländlichen Raum stark und vital zu halten, muss die wirtschaftliche Perspektive für alle Bauernfamilien gesichert werden."

Gerd Sonnleitner, Präsident des Bayerischen Bauernverbandes, im Mai 2012

„Heute geht es auch um Architektur, Arbeitsplätze, Infrastruktur, Naturschutz und soziale Belange – kurz: um einen Gewinn an Lebensqualität und eine nachhaltige Entwicklung des ländlichen Raums."

Horst Köhler, Bundespräsident (2004– 2010), am 13. Februar 2008 zum 22. Wettbewerb „Unser Dorf hat Zukunft"

„Der ländliche Raum ist Heimat und Identitätskern des Landes."

„Das Leben im Dorf – ‚auf dem Dorf' wie man sagt – heute ist ein anderes als noch vor zwanzig oder dreißig Jahren. Und wir werden weniger, insbesondere in den ländlichen Gebieten."

Robert Habeck, Landwirtschaftsminister von Schleswig-Holstein, September 2012

„Neben kleinen und mittelständischen Unternehmen schaffen auch Bauernhöfe, Bäckereien, Molkereien, Schlachthöfe, Landhandel oder Landmaschinenbetriebe wichtige Arbeitsplätze außerhalb der urbanen Räume."

Kirsten Tackmann, agrarpolitische Sprecherin der Bundestagsfraktion „Die Linken", Januar 2013

„Landwirtschaft gehört zurück ins Dorf."

Hermann Onko Aeikens, Landwirtschaftsminister von Sachsen-Anhalt, der eine zunehmende Fremdbestimmung durch industrielle Investoren und Aktiengesellschaften befürchtet.

„Ehrenamtliches Engagement ist für das Leben in unseren Dörfern von unschätzbarem Wert."

Ilse Aigner, Bundeslandwirtschaftsministerin, zur Eröffnung des 23. Bundeswettbewerbs „Unser Dorf hat Zukunft", 2010

„Die Aufbruchstimmung bei den Landwirten kommt auch dem ländlichen Raum zugute. Dort lebt eine große Zahl unserer Mitbürger. Schon deswegen liegt es in unser aller Interesse, dass die ländlichen Räume eine gute Zukunft haben."

„Das Landleben, gerade weil es keine Idylle ist, schult den gesunden Menschenverstand, übt die Tugend zupackender Nachbarschaftshilfe ein und stiftet gesundes Selbstvertrauen."

Bundespräsident Horst Köhler auf dem Deutschen Bauerntag 2007 in Bamberg

„Landlust – Für junge Menschen zählt nur das Stadtleben etwas. Warum eigentlich? Weil viele vom Landleben keine Ahnung haben."

Die Welt kompakt, März 2014

„Die meisten Deutschen leben in der Stadt – und träumen von einem Leben auf dem Dorf."

Der Spiegel, Oktober 2012

> *„Wenn staatliches Handeln über ein vernünftiges Maß hinausgeht, hemmt das die Kräfte von Menschen, die in ländlichen Räumen leben, diese detailliert kennen und entwickeln wollen."*
>
> Carl-Albrecht Bartmer, DLG-Präsident 2013 in Magdeburg

> *„Statt der Dominanz der Märkte und des Vorrangs der Ökonomie braucht es ein robustes Gleichgewicht zwischen Ökonomie, Ökologie und sozialer Verantwortung. Diese Einsicht ist als Zielsetzung schon längst im Lissabon-Vertrag verankert, aber noch zu wenig in die Praxis umgesetzt. Macht die Politik damit nicht bald ernst, werden die ländlichen Gebiete außerhalb der Speckgürtel um die größeren Städte zu den Verlierern der Globalisierung. Um es etwas zynisch auszudrücken: Wir enden dann in einem Global Village ohne Dörfer."*
>
> Franz Fischler, ehemaliger EU-Agrarkommissar

> *„Der ländliche Raum ist mehr als eine romantische Idylle. Hier gibt es wirtschaftlich starke Regionen, aber auch Gebiete mit hoher Arbeitslosigkeit, Abwanderung und Überalterung. Es gilt, diese Regionen fit zu machen für die Zukunft."*
>
> Bundeslandwirtschaftsministerium 2013

> *„Leben auf dem Land ist für viele Menschen ein Stück Lebensqualität, fernab der Hektik, in der Natur, in gewachsenen Gemeinden mit bürgerschaftlichem Engagement und guter Nachbarschaft. Nicht zuletzt durch den demografischen Wandel stehen die ländlichen Räume dennoch vor großen Herausforderungen."*
>
> Bundeslandwirtschaftsministerium zum „Leben auf dem Lande", 2013

> *„Draußen Vogelgezwitscher, drinnen Kaminknistern: Im umgebauten alten Bauernhaus können Städter ihre Sehnsucht nach Entschleunigung stillen. Zusammen mit der Familie oder guten Freunden."*
>
> BHW Bausparkasse-Pressedienst, März 2014

Wir werden uns einsetzen für die jungen Menschen, die sich eine Zukunft in ihrer ländlichen Heimat wünschen."

Peter Bleser, Parlamentarischer Staatsekretär im Bundeslandwirtschaftsministerium, 2014

„Komm aufs Land."

Name der 1978 gegründeten Arbeitsgemeinschaft, in der über 200 Urlaubshöfe von Nordrhein-Westfalen zusammengeschlossen sind.

„Mit den 4,5 Millionen Arbeitsplätzen im Agribusiness, mit jährlichen Investitionen im zweistelligen Milliardenbereich allein in der Landwirtschaft, ist die Agrarbranche das Rückgrat der ländlichen Räume in Deutschland."

Joachim Rukwied, Präsident des Deutschen Bauernverbandes, auf der Präsidiumssitzung am 15. Mai 2014

„Wenn es nicht gelingt, die jungen Menschen auf dem Land für die Landwirtschaft zu begeistern, wandern sie ab. Und was passiert dann mit den Höfen?"

Johannes Röring, Präsident des Westfälisch-Lippischen Landwirtschaftsverbandes, 2014

„Keine Wahl für ländliche Regionen: Nachhaltigkeit oder Untergang."

Überschrift zum ASG-Interview „Regionalentwicklung" mit dem ehemaligen EU-Agrarkommissar Franz Fischler, 2013

„Ich war immer nah dran, an der Landwirtschaft und dem ländlichen Raum."

„Ich möchte wieder Lust aufs Land wecken und die Lebensqualität im ländlichen Raum verbessern."

Bundeslandwirtschaftsminister Christian Schmidt im „AGRA-EUROPE"-Interview 2014

„Landwirtschaft verkommt zur Rohstoffproduktion – fatal für die Bauern und Bäuerinnen und den ländlichen Raum."

Bernd Voß, Bundesvorsitzender der Arbeitsgemeinschaft bäuerliche Landwirtschaft (AbL), 2013

11.

Ein toter Seehund hat mehr Öffentlichkeit als die Existenzvernichtung einer Bauernfamilie – Emotionen und Betroffenheit

11.

Ein Dorn im Auge waren dem Bauernpräsidenten
die „missionarischen" Verkünder vegetarischer Ernährung.
Hier konterte Freiherr Heereman als empörter westfälischer Bauer:

„Sojawurst ist keine Wurst,
sondern eher eine Beleidigung unserer
westfälischen Schweine."

Ein toter Seehund hat mehr Öffentlichkeit als die Existenzvernichtung einer Bauernfamilie – Emotionen und Betroffenheit

Menschen sind emotional veranlagt, jedoch in unterschiedlicher Ausprägung. Das zeigt sich auch im Verhältnis der Bundesbürger zur Landwirtschaft und dem Leben auf dem Lande. So kritisierte Bauernpräsident Freiherr Heereman 1988 auf einer Kundgebung, dass *„ein toter Seehund in der Öffentlichkeit mehr Mitleid erregt als das Schicksal einer Bauernfamilie, deren Existenz vernichtet wurde."*

Politiker und Bauernfunktionäre zeigen sich betroffen, wenn es um Angriffe und persönliche Anfeindungen geht. Beispiel Freiheer Heereman, der sich nicht selten gegen Aktionen aus Reihen der Landjugend zu wehren hatte: *„Die Jugend hat zwar das Recht, anders zu denken, sie hat aber nicht das Recht, Unwahrheiten in die Welt zu setzen."*

Neben mitunter sehr „deutlichen" Aussprüchen gibt es unter den aufgeführten Beispielen auch „positive Gefühlsäußerungen" aus dem privaten Bereich.

> *„Es gehört heute dazu, jedem Minister zu sagen, wie schlecht es einem geht. Hoffentlich geht es unserem ganzen Volk noch lange so schlecht wie jetzt, vom Hilfsarbeiter bis zum Minister …"*
>
> Bundeslandwirtschaftsminister Josef Ertl 1978 auf dem Deutschen Gartenbautag in Augsburg

„Trotz aller Versuche, die Dinge zu pudern und zu schminken, können wir doch nicht übersehen, dass sie stinken."

Freiherr Heereman 1987 in Bonn

„Milch von glücklichen Kühen – wie lange noch?"

Transparent, 1984 auf der Bauern-Demo in Dortmund

„Früher hatten wir die Jauche, das war das Dünne. Dann nahmen wir das Dicke hinzu, vermischten es in einem Topf mit dem Dünnen und nennen das Ganze heute Gülle. Also, wenn man so will: Das ist Scheiße per exzellence!"

Freiherr Heereman 1987

„Wer so viel wie ich – auch international – unterwegs ist, der freut sich immer wieder, in die heimatliche, von Landwirten gepflegte Kulturlandschaft zurückzukehren."

Freiherr Heereman 1989

„Was das Verbrennen von Puppen angeht, da habe ich keinen Nachholbedarf, das war und ist eine große Sauerei."

Freiherr Heereman 1991

„Tötet MacSharry, bevor er uns tötet."

Demoplakat aufgebrachter Bauern gegen den EU-Agrarkommissar in Lübeck

„Milchwerk wird geschlossen – Beschäftigte sauer."

Überschrift Süddeutsche Zeitung

„Konsumieren ist besser als intervenieren."

Josef Ertl, Bundesminister für Landwirtschaft, Ernährung und Forsten,

„Uns vom Bauernverband wird unterstellt, dass wir das Heil in der Massentierhaltung suchen und die bäuerlichen Strukturen abschaffen wollen. Das sind schon verleumderische Vorwürfe, die nichts mehr mit einer sachlichen Auseinandersetzung zu tun haben."

Freiherr Heereman 1988

„Ich fühle mich in meiner Ehre angegriffen."

„Das bringt mich auf die Palme."

Bauernpräsident, Joachim Rukwied über Medienberichte, die die Massentierhaltung kritisieren und mehr Umweltstandards einfordern, Juni 2013

„Für Grünkohl ist es nie zu spät."

Lothar Späth (*1937), Ministerpräsident des Landes Baden-Württemberg (1978–1991)

„Macht es nicht einen Unterschied für unsere Empfindungen, ob wir unseren ersten Kuss in der Rapsblüte oder im Maisfeld austauschen?"

Robert Habeck, Landwirtschaftsminister von Schleswig-Holstein, September 2012

„Dies muss der letzte Seuchenzug gewesen sein, den wir mit Maßnahmen aus dem Mittelalter bekämpfen."

Franz-Josef Möllers, Bauernpräsident des Westfälisch-Lippischen Landwirtschaftsverbandes, zu den Keulungen von großen Tierbeständen mit Verdacht auf Schweinepest, 2006.

„Es kann nicht angehen, wenn wieder mal ein Skandal ist, dass dann jedes Mal die Bauern durch die Röhre schauen."

Bauernpräsident Gerd Sonnleitner (*1948) im Januar 2011 zum Dioxinskandal

„Die öffentliche Hysterie im Zusammenhang mit BSE, das war eine Sinnkrise für uns Landwirte, die vom Himmel fiel."

WLV-Präsident Franz-Josef Möllers 2012 rückblickend zur BSE-Krise im Jahre 2000

12.
Einfach tierisch –
Auf drei Bürger
kommt ein Schwein

12.

Die drohende Aussage des Bauernpräsidenten
Freiherr Heereman

„Wir Landwirte schlagen zurück,
wenn man uns erst moralisch zur Sau und fiskalisch
zum Sparschwein machen will"

(1982) wurde zum geflügelten Wort.

Einfach tierisch –
Auf drei Bürger kommt ein Schwein

„Menschen–Tiere–Emotionen" – dieser Dreiklang verfehlt nicht seine Wirkung auf die menschlichen Denkmuster und Verhaltensweisen. Die Themen Tierliebe und Tierschutz haben in jüngster Zeit in der Öffentlichkeit an Dominanz gewonnen. Dabei ist vielfach die Abgrenzung zwischen menschlichem und tierischem Fühlen in eine Schieflage geraten. In der gesellschaftlichen Auseinandersetzung um das „Mensch-Tier-Verhältnis" lässt sich beobachten, dass immer mehr Menschen ihre Emotionen, ihre Gefühlswelt auf Tiere übertragen, so auch auf landwirtschaftliche Nutztiere wie Schwein oder Rind.

Im Vergleich zu Veganern und Vegetariern ist das bei Verbrauchern, die auch gesundes Fleisch und gute Wurst zu schätzen wissen, weit weniger der Fall. Das hat ein internationales Forscherteam vom Institut für Psychologie der Universität Bonn herausgefunden. Längst hat die Tierwelt Eingang in unsere Umgangssprache gefunden.

In der Tat gibt es unzählige Sprichwörter, Redensarten und Redewendungen tierischen Ursprungs. Viele davon haben einen spannenden oder oft auch spaßigen Hintergrund. Überhaupt erwecken Vergleiche mit Tieren besondere Aufmerksamkeit. Die Zitatensammlung beginnt mit tierischen Redensarten und Äußerungen von Prominenten.

„Eine der blamabelsten Angelegenheiten ist es, dass das Wort ‚Tierschutz‘ überhaupt geschaffen werden musste.“

Theodor Heuss, Bundespräsident (1884–1963)

„Mein Vater hat als Bauer immer gesagt: Man muss auch mit Rindviechern reden.“

Josef Ertl, Bundeslandwirtschafts-minister (1969–1983)

„Wir Landwirte schlagen zurück, wenn man uns erst moralisch zur Sau und fiskalisch zum Sparschwein machen will.“

Freiherr Heereman 1982

„Die Ohrenlochung der Bullen war wohl der erste Ansatz, nun auch den bäuerlichen Tierhaltern in der Bundesrepublik beizubringen, wie herrlich, aber auch wie gefährlich, ein Torero lebt.“

Freiherr Heereman 1986

„Karrieristen spannen gewöhnlich Ochsen vor ihren Karren.“

Hans-Horst Skupy (*1942 in Bratislava), Schriftsteller

„Unsere Kühe sollen dieses können: Leistung steigern, Butterberge abbauen, Export fördern, Magermilchpulver verteilen, Richtlinien befolgen, die Wünsche Neuseelands beachten, die Umwelt nicht übermäßig belasten und sich dann vorher noch selbst schlachten. Ist das nicht zu viel verlangt? Darüber lachen selbst die Pferde. Haben Sie schon mal ein Pferd lachen sehen? Ein Kanzlerlächeln ist gar nichts dagegen.“

Freiherr Heereman 1986

„Kräht der Bauer auf dem Mist, hat der Hahn sich wohl verpisst.“

Wolfgang Willnat & Peter Butschkow

„Die dümmsten Schafe sind besonders kurz angebunden.“

Ron Kritzfeld (*1921), deutscher Aphoristiker

„Meine Frau ersetzt mir über 20 Kühe.“

Bonner Rundschau

> *„Die Henne ist das klügste Geschöpf im Tierreich: Sie gackert erst, nachdem das Ei gelegt ist.“*
>
> Abraham Lincoln, Präsident der Vereinigten Staaten von Amerika

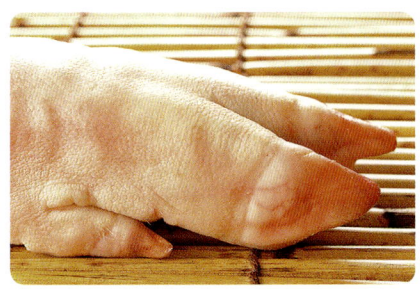

„Auf drei Bürger kommt ein Schwein.“

Statistisches Bundesamt

„Junger Hahn sucht Familienanschluss.“

Werbung einer Berliner Filialkette für Geflügel

„Das Dümmste ist ein Husarenritt ohne Pferd.“

Hermann Matzke (1890–1976), deutscher Schriftsteller

„Die hinter dem Leithammel herlaufen, sind die Neidhammel.“

Gerhard Uhlenbruck (*1929), deutscher Aphoristiker

„Man muss nicht die Hälfte des Huhns zum Kochen und die andere zum Eierlegen haben.“

Indische Bauernweisheit

„Alle Welt redet von Schweinegrippe. Aber in Deutschland hat bisher – Gott sei Dank – kein Schwein Grippe.“

Helmut Born, Generalsekretär des Deutschen Bauernverbandes (1991–2013)

„Manche Hähne glauben, dass die Sonne ihretwegen aufgeht.“

Theodor Fontane (1819–1898), deutscher Schriftsteller

„Melken sie doch mal 'ne Kuh, die kein Euter hat.“

Friedel Rausch (*1940), deutscher Sportler

„Mit Rindern ein ‚Schweinegeld‘ verdienen.“

Redensart

„Tierschutz wird bei uns sehr großgeschrieben, auch in der Landwirtschaft. Nur wenn Tiere gut behandelt und gut gefüttert werden, können sie auch eine gute Leistung erbringen.“

Freiherr Heereman im Interview, März 2012

135

„Der Bundeshaushalt ist ein Euter, dem keine Kuh gewachsen ist."

Karl Garbe (*1927), deutscher Publizist

„Besser einen Tag der Hahn sein als einen Monat die Henne."

Serbisches Sprichwort

„Heirat ist kein Pferdekauf."

Niedersächsische Redensart

„Jeder Misthaufen ist das Zentrum der Welt, wenn der richtige Hahn darauf kräht."

Wolf Biermann (*1936), deutscher Liedermacher

„Adler fliegen alleine, Schafe gehen in Herden."

Chinesisches Sprichwort

„Ziege bleibt ‚Kuh der Armen'."

Überschrift dpa-Meldung

„Deutsche Hähnchen todtraurig: Wienerwald gerettet!"

Überschrift in Bild am Sonntag

„Das Auge des Herrn macht die Schweine fett."

Redensart

„Auf sandigem Boden wachsen edle Pferde."

Hans-Heinrich Isenbart (1923–2011), Moderator in der ARD-Sportschau (1982)

„Hennen, die viel gackern, legen wenig Eier."

Dänische Redensart

„Pferde schreien nicht."

Das Pferd kommuniziert mögliche schmerzhafte Prozesse u. a. über Mimik, Gestik und Körperhaltung, aid-Informationsdienst.

„Für seinen Hund ist jeder Mensch ein Napoleon. Deshalb sind Hunde so beliebt."

Aldous Huxley (1894–1963), englischer Schriftsteller

„Ein auf Kredit gekauftes Schwein grunzt das ganze Jahr."

Japanisches Sprichwort

„Geduld und Ruhe sind keine Rennpferde, aber gute Zugpferde."

Redensart

„Wenn ein Jäger einmal an einem Hasen links und dann rechts vorbeischießt, dann ist der Hase im statistischen Durchschnitt tot."

N.N.

„Rindfleischetikettierungsüberwachungsaufgabenübertragungsgesetz adé."

Das 63-Zeichen-Ungetüm galt bisher als längstes deutsches Wort. Weil die BSE-Gefahr sinkt, wurde das Gesetz und damit auch das Wort 2013 abgeschafft.

„In manchen Familien sind Hunde mit Stammbaum so eine Art Adelsersatz."

Oliver Hassencamp (1921–1988), deutscher Kabarettist

„Wer hat das Rind zur Sau gemacht? – Wie Lebensmittelskandale erfunden und benutzt werden."

Buchtitel 2013

„120.000 Kilometer müssen Bienen zurücklegen, um den Nektar für 500 Gramm Honig zu sammeln."

Pressemitteilung des Bundeslandwirtschaftsministeriums, April 2014

„Alternative zum Schlachthof: Landwirte dürfen ihre Rinder vom Hochsitz aus erschießen."

Der Spiegel, März 2013

„Nur ein Hund freut sich, wenn ihm etwas vorgeworfen wird."

Heinz Ehrhardt (1909–1979), deutscher Entertainer

„Auch eine Henne weiß, wann die Sonne aufgeht, aber deswegen muss sie nicht jedes Mal krähen."

Ilse Aigner, Bundeslandwirtschaftsministerin (2008–2013) über das Imponiergehabe männlicher Politiker

„Haben die Kühe schlechtes Futter, wird's Margarine anstatt Butter."

Wolfgang Willnat & Peter Butschkow, aus: „Bauernsprüche"

13.
Gut essen ist praktische Agrarpolitik – gegessen und getrunken wird immer

13.

Gut essen ist praktische Agrarpolitik – gegessen und getrunken wird immer

Essen und Trinken gehören zu den existentiellen Bedürfnissen des Menschen. Schon aus diesem Grunde ist es ein zentrales, immer wieder hochaktuelles Thema. Vergleichende Studien belegen, dass sich die Ernährungsweise der Deutschen im Laufe der letzten Jahrzehnte den offiziellen Ernährungsempfehlungen angepasst hat – im Trend weniger Fleisch- und Wurstwaren, mehr Getreideprodukte, Obst und Gemüse. Nachdenklich muss dagegen der zunehmend verschwenderische Umgang mit Nahrungsmitteln stimmen.

Essen & Trinken hat in der Literatur eine lange Tradition. Wenn der Schriftsteller und erste deutsche Aphoristiker Georg Christoph Lichtenberg (1742 – 1799) zu der Erkenntnis kommt, dass der *„Duft eines Pfannkuchens mehr ans Leben bindet als alle philosophischen Argumente"*, dann klingt das zwar sehr poetisch, aber doch einleuchtend.

Sich zu ernähren, die tägliche Nahrungsaufnahme – das ist die eine Sache. Aber auf eine höhere Stufe gestellt heißt das für den Franzosen François de la Rochefoucauld (1871): *„Essen ist ein Bedürfnis, Genießen eine Kunst."* Die kulinarische Seite des Lebens ist vielseitig und hat auch eine soziale Bedeutung. *„Essen und Trinken – das steht für Freude am Leben"*, weiß Helmut Kohl, ehemaliger deutscher Bundeskanzler, aus langjähriger Erfahrung. Dagegen betrachtete der Bayer Hermann Höcherl (1912 – 1989)

– von Amts wegen – die Nahrungsmittelversorgung aus Sicht eines Bundeslandwirtschaftsministers ganz pragmatisch: *„Gut essen ist praktische Agrarpolitik."* Kritisch wird auf der anderen Seite die Entwicklung der Esskultur gesehen, wie sie von Amerika nach Europa überschwappt. *„Der Pfad der Zivilisation ist mit Konservenbüchsen gepflastert",* stellte schon vor 100 Jahren der amerikanische Schriftsteller Elbert Hubbard (1856 – 1915) fest. Aber auch die Verfechter unterschiedlicher, häufig ideologisch geprägter Esskulturen zwischen Fleischeslust und Körnerfutter treffen aufeinander:

„Ich möchte nichts mit Naturkost zu tun haben.
In meinem Alter braucht man alle Konservierungsstoffe,
die man kriegen kann",

verkündete George Burns (1896 – 1996),
US-amerikanischer Schauspieler.

Beginnen soll der Reigen ausgesuchter Zitate mit einigen weiteren ironisch-feingeistigen Sprüchen von prominenten Schriftstellern und Politikern zurückliegender Jahrhunderte.

> *„Alles, was ich esse, macht dick, und alles,*
> *was nicht dick macht, esse ich nicht so gerne."*
>
> Helmut Kohl (*1930), Bundeskanzler1982–1998

„Ein echter Feinschmecker,
der ein Rebhuhn verspeist hat,
kann sagen, auf welchem Bein
es zu schlafen pflegte."

Jeane Anthelme Brillat-Savarin (1755–1826),
französischer Schriftsteller

„Die Art ihrer Ernährung
beeinflusst das Schicksal der
Nationen entscheidend."

Jean Anthelme Brillat-Savarin

„Das Bier, das nicht
getrunken wird, hat seinen
Zweck verfehlt."

Alexander Meyer, 1880 im Preußischen
Abgeordnetenhaus

„Alle Revolutionen kommen
aus dem Magen."

Napoleon I.

„In Westfalen trinken wir
gar nicht so viel Wasser,
da haben wir andere Getränke,
die klar sind."

Freiherr Heereman 1990

Abschiedsworte an Pellka

Jetzt schlägt deine schlimmste Stunde,
Du Ungleichrunde,
Du Ausgekochte, du Zeitgeschälte,
Du Vielgequälte,
Du Gipfel meines Entzückens.
Jetzt kommt der Moment des Zerdrückens
Mit der Gabel! -- Sei stark!
Ich will auch Butter und Salz und Quark
Oder Kümmel, auch Leberwurst in dich stampfen.
Musst nicht so ängstlich dampfen.
Ich möchte dich doch noch einmal erfreun.
Soll ich Schnittlauch über dich streun?
Oder ist dir nach Hering zumut?
Du bist so ein rührend junges Blut. --
Deshalb schmeckst du besonders gut.
Wenn das auch egoistisch klingt,
So tröste dich damit, du wundervolle
Pellka, dass du eine Edelknolle
Warst, und dass dich ein Kenner verschlingt."

„Aus meiner tiefsten Seele zieht mit Nasenflügel-
beben ein ungeheurer Appetit nach Frühstück und
nach Leben."

Jochim Ringelnatz (1883–1934), deutscher Schriftsteller

„Es ist besser, demütig Wein zu trinken als hochmütig Wasser."

Benediktinerspruch

„Ein Snob ist jemand, für den Hummer nur die Vorspeise zu einer Pellkartoffel ist."

Hans Clarin (1929–2005), deutscher Schauspieler und Synchronsprecher

„Vegetarier essen keine Tiere, aber sie fressen ihnen das Futter weg."

Robert Lemke (1913–1989), deutscher Journalist und Fernsehmoderator

„Ich bekenne gerne, dass ich als Liberaler für gutes Essen bin."

Josef Ertl, Bundeslandwirtschaftsminister

„Unsere Leute mögen keine Hormone im Fleisch. Amen!"

Ignaz Kiechle, Int. Grüne Woche 1988 in Berlin

„Vorsicht beim Essen von Östrogen, es könnte Kalbfleisch drin sein."

Graffiti-Spruch

„Bescheiden ist, wer sich den Käse mit den größten Löchern nimmt."

Adolph Freiherr Knigge (1752–1796)

„Ich bin nicht deswegen Vegetarier geworden, um etwas für meine Gesundheit zu tun. Ich tat es für die Gesundheit der Hühner."

Isaac B. Singer (1902–1991), jiddischer Schriftsteller

„Tiere sind meine Freunde, und meine Freunde esse ich nicht."

George Bernard Shaw (1856–1950), irisch-britischer Dramatiker

„Wer Milch will, sollte sich nicht auf einen Schemel in der Mitte des Feldes setzen, in der Hoffnung, dass die Kuh sich zu ihm begeben möge."

Elbert Hubbard (1856–1915), amerikanischer Schriftsteller

„Wenn der moderne Mensch die Tiere, deren er sich als Nahrung bedient, selbst töten müsste, würde die Anzahl der Pflanzenesser ins Ungemessene steigen."

Christian Morgenstern (1871–1931), deutscher Dichter und Schriftsteller

„Wo Schmalhans Küchenmeister ist, da zählt man die Kartoffeln zu den Bodenschätzen."

Werner Mitsch (1936–2009), deutscher Aphoristiker

143

> *„Auch die besessensten Vegetarier beißen nicht gern ins Gras.“*
>
> Joachim Ringelnatz (1883–1934), deutscher Schriftsteller

„Das bisschen, was ich esse, kann ich auch trinken.“

Richard Rogler (*1949), Kabarettist

„Bei manchen Diplomaten-Essen wird die Anzahl der Gerichte von der Anzahl der Gerüchte weit übertroffen.“

Bundespräsident Carl Carstens 1980

„Wenn Schlachthöfe Glaswände hätten, dann wären wir alle Vegetarier.“

Sir Paul McCartney (*1942), britischer Musiker

„Die Dicken leben zwar kürzer, aber sie essen länger.“

Stanislaw Jerzy Lec (1909–1966), polnischer Aphoristiker

„Man kann alle Pilze essen; manche freilich nur einmal!“

Makabre Lebensweisheit

„Am besten schmecken Antibiotika und Hormone immer noch in Form eines Steaks.“

Erhard Blanck (*1942), deutscher Schriftsteller

„Der Vegetarier altert beruhigt. Wenigstens weiß er, wie man ins Gras beißt.“

Karl-Heinz Karius (*1935), deutscher Werbeberater

„Meine Lieblingsbeschäftigung? Weinflaschen öffnen.“

Wolfram Siebeck (*1928) , Restaurantkritiker und Schriftsteller

„Das Recht der Menschen auf Stille, auf saubere Luft und reines Wasser, auf Wiesen und Wälder und nicht verunreinigte Lebensmittel gehört in die Verfassung aller Staaten.“

Sir Yehudi Menuhin (1916–1999), Geigenvirtuose

„Restaurant für Appetitlose.“

Lokal des Ernährungswissenschaftlers James Birren in Chicago, der mit Farben und Geräuschen (u.a. Kuhglocken) die Esslust anregen will.

„Die Engländer haben die Tischreden erfunden, damit man ihr Essen vergisst.“

Pierre Daninos (1913–2005), franz. Schriftsteller und Journalist

„Auch Vegetarier verfügen über tierische Fette – auf der Taille.“

Oliver Hassencamp (1921–1988), deutscher Kabarettist

„Reden auf Vegetarier-
banketten sind erfreulich
kurz, weil man Angst
hat, dass sonst das Essen
verwelkt."

Mario Adorf (*1930), deutscher
Schauspieler

„Die größte Strapaze bei
feierlichen Zusammenkünften
ist die Vielzahl der sich ständig
wiederholenden, qualvollen
Reden. Der einzige Trost ist für
die meisten das kalte Buffet."

Edmund Rehwinkel (1899–1977), deutscher
Bauernpräsident

„Fett hocken sie auf dem
Sofa, bei Nüsschen und Bier,
im Zigarettenrauch – und
regen sich über die jungen
Haschischraucher auf."

Gerhard Kocher (*1939), Schweizer
Aphoristiker

„Wenn du den Braten hast, wird sich das
Messer finden."

„Wer Braten isst, predigt gerne trockenes Brot."

Ungarische Redensarten

„Geschenkter Honig ist süßer
als gekaufter Honig."
Türkische Redensart

„Zusätze verlängern die Haltbarkeit
der Nahrungsmittel. Hoffentlich verkürzen
sie nicht die der Verbraucher."

„Wer vor dem Essen einen guten
Eindruck gemacht hat, achte darauf, ihn
nicht bei Tisch mit Messer und Gabel
zu zerstören."

„Gourmets bringen zum Essen im
Restaurant neuerdings ihren Lebensmittel-
chemiker mit."

Oliver Hassencamp

„Bei allen Gesprächen mit Kunden merke ich
immer wieder, dass mehr als die Hälfte
von ihnen mehr vom Wein versteht als ich."

Weingutbesitzer aus Ürzig an der Mosel

„Die Mafia hat die Finger jetzt auch in der Pizza."
Überschrift ddp-Agenturmeldung

„Saison der allerkleinsten Kartoffeln."
Britische Bezeichnung für die Sauregurkenzeit

„Milchbärte haben 1978 gute Chancen – die Milch macht's."
CMA-Werbespruch

„Allein essen ist wie allein sterben."
Redensart aus Ghana

„Whisky ist flüssiges Müsli."
David Stewart (*1952), britischer Musiker

„Beim Auto ist es kein Problem, wenn der Liter Öl 23 € kostet – der Liter Speiseöl aber soll für manche für 1,20 € hergehen. Das kann nicht gut gehen."
Alfons Schuhbeck (*1949), deutscher Koch und Sachbuchautor

„Essen ist besser als Trinken für jemanden unter vierzig; danach gilt die umgekehrte Regel."
Aus dem Talmud

„Wie kann ein zubereitetes Grill-hähnchen im Imbiss weniger kosten als eine Schachtel Vogelfutter?"
Bundespräsident Horst Köhler, September 2006

„Der Mensch ist das einzige Wesen, das im Fliegen eine warme Mahlzeit zu sich nehmen kann."
Loriot, deutscher Komiker (1923–2011)

„Der Mensch ist das einzige Lebewesen, das seine Nahrung zerstört, bevor es sie isst."
Werner Kollath (1892–1970), deutscher Ernährungsforscher, gilt als Pionier der Vollwertkost

„Spargel behandelt man wie eine Frau: Vorsichtig am Kopf anfassen und feinfühlig nach unten streicheln."
Karl-Heinz Funke (*1946), Bundes-landwirtschaftsminister 1998–2001

„Nur der Metzger und der liebe Gott wissen, was in der Wurst ist."
Über Jahrhunderte gültiges Sprichwort

„Vor lauter Globalisie-rung und Computerisie-rung dürfen die schönen Dinge des Lebens wie Kartoffeln oder Eintopf kochen nicht zu kurz kommen."
Angela Merkel, Bundeskanzlerin vor hessischen Landfrauen 2004

> *„Essen und Trinken sind die drei schönsten Dinge des Lebens."*
>
> Willy Millowitsch (1909–1999), Theaterschauspieler

„Das Erste, was man bei einer Abmagerungskur verliert, ist die gute Laune."

Gert Fröbe (1913–1988), deutscher Schauspieler

„Vermeintliche Innovationen wie Klebeschinken sind zwar nicht gesundheitsschädlich, aber vielen Verbrauchern zuwider."

Ilse Aigner, Bundeslandwirtschaftsministerin 2010

„Wir brauchen auch wieder mehr Wertschätzung für Lebensmittel, es muss ‚chic' werden, mehr Geld für gutes Essen und Trinken auszugeben."

Bundesministerin Ilse Aigner in der Auftaktveranstaltung Dialog Lebensmittel „Wir schaffen Werte" am 24. Mai 2012 in Berlin

„Abnehmen ist ganz einfach: Man darf nur Appetit auf Sachen bekommen, die man nicht mag."

Jane Russell (1921–2011), US-amerikanische Schauspielerin

„Eine Candle-Light-Party kann einem möglicherweise mehr Schaden zufügen als täglich zwei Eier im Selbstversuch zu essen."

Jürgen Abraham, Vorsitzender der Bundesvereinigung der Ernährungsindustrie, 2012

„Wenn Sie möchten, dass Ihr Schnitzel einen Weidegang hinter sich hat, können Sie nicht zu den Tiefstpreisen der Discounter einkaufen."

Silke Schwartau, Stiftung Warentest 2013

„Donnerstag ist Veggie-Tag."
Vegetarier-Initiative 2012

„Veggie-Day, Nanny-Staat und Süßigkeiten-Werbeverbote vor 20 Uhr lassen auch nicht gerade Freiheitsassoziationen sprießen."
Wolfgang Kubicki, Politiker, März 2014

„Das Essen, das wir in Europa wegwerfen, würde zweimal reichen, um alle Hungernden der Welt zu ernähren."
Bundespräsident Joachim Gauck am 14. Dezember 2012

„Erst das Fressen, dann die Moral: Wie sollen wir uns künftig ernähren?"
Leserumfrage der Süddeutschen Zeitung, Frühjahr 2014

„Ich kann mich noch an eine Zeit erinnern, da war Essen ein Luxus."
Bundespräsident Joachim Gauck 2012

„Essen und Trinken ist Teil der Alltagskultur und je vielfältiger das Angebot ist, umso reicher sind wir."
Franz Fischler, 2013

„Veganer retten nicht die Welt."
Ulrike Gonder, Diplom-Ökotrophologin und Journalistin, 2013

„Vegan ist Trend. Tierfreie Cocktailwürstchen, Lachsfilet aus Soja oder Milchersatz werden vor allem aus gesundheitlichen, ethischen oder ökologischen Gründen gegessen."
Food-Monitor Informationsdienst für Ernährung 19/2014

„90 Prozent der Verbraucher haben nach unseren Erkenntnissen Interesse an einer Herkunftsbezeichnung von Fleisch als Zutat. Aber schon bei Preisaufschlägen von wenigen Prozenten sinkt die Zahlungsbereitschaft der Verbraucher erheblich."
EU-Gesundheitskommissar Tonio Borg, März 2014

> *„In Deutschland haben wir die größte Mecker-Unkultur an Lebensmitteln und ihrer Herkunft."*
>
> Gerhard Schmidt, Medientrainer aus Menden (NRW)

„170.000 unterschiedliche Lebensmittel und Getränke finden sich in den Supermarktregalen der Bundesrepublik."

Der Spiegel 12/2014

„Ich bin 'ne Kartoffel."

singt Jan Delay (Jan Phillip Eißfeldt) und meint damit, dass er Deutscher ist. Weit hergeholt ist der Spitzname für Deutsche nicht. Immerhin ist die Kartoffel für den Durchschnittsbürger mit 134 Kilokalorien pro Tag neben Fleisch und Getreide einer der wichtigsten Energielieferanten.

„Alaska-Seelachs ohne Lachs, Geflügelwürstchen mit Schweinespeck, Zitronenlimo ohne Zitronensaft oder Kirschtee ohne einen Hauch von Kirsche … – Wie Lebensmittel zu kennzeichnen sind, muss der Gesetzgeber festlegen – nicht ein Geheimgremium, in dem die Lobbyisten der Lebensmittelwirtschaft verbraucherfreundliche Regelungen blockieren können."

Foodwatch-Protestaktion zur Abschaffung der Lebensmittelbuch-Kommission, Frühjahr 2014

„Die jüngste Runde der Preissenkungen für Fleisch und Milchprodukte zeigt, dass die Discounter immer noch nicht verstanden haben, worum es bei nachhaltiger Lebensmittelerzeugung geht. Lebensmittel sind mehr wert."

Bauernpräsident Joachim Rukwied, Frühjahr 2014

14.

Welternährung
– das größte Problem
unserer Menschheit

14.

Welternährung – das größte Problem unserer Menschheit

Die Sicherstellung der Welternährung, die Lösung der Energiefrage und die Bekämpfung des Klimawandels – das sind die drei existentiellen Schlüsselfragen für die Zukunft der Menschheit. Wissenschaftler, Politiker und Wirtschaftsexperten diskutieren darüber, wie die weltweite Produktivität von Land und landwirtschaftlichen Flächen im nächsten Jahrzehnt Schritt halten kann mit der steigenden Nachfrage nach Ernährung und (Bio-)Energie. Nachdem weltweit die Zahl der Hungernden in den drei Dekaden von 1970 bis zur Jahrtausendwende schrittweise gesenkt werden konnte, hat sich die Situation im letzten Jahrzehnt erheblich verschlechtert: Derzeit leben wieder über eine Milliarde Menschen auf der Erde, die chronisch unter- bzw. mangelernährt sind.

Seit den 1970er Jahren werden nicht nur die natürlichen und ökonomischen Ursachen der Hungersnöte betrachtet, sondern auch die sozialen und politischen Gründe analysiert. Danach ist der weltweite Hunger in erster Linie ein Problem der Nahrungsmittelverteilung und der von Armut betroffener Bevölkerungsschichten, aber nicht unbedingt ein absoluter Mangel an Nahrung. Immer wieder befassen sich auf Weltwirtschaftsforen internationale Experten mit globalen Fragen und Herausforderungen wie beispielsweise Bevölkerungsentwicklung, Energie und Ernährung sowie auch regionalen Entwicklungen in Afrika oder Asien.

Unter dem Slogan „*Tank oder Teller*" hat sich in den letzten Jahren ein weiteres Diskussionsfeld aufgetan. Innerhalb der Landwirtschaft sorgt die zunehmende Flächenkonkurrenz durch Biogasanlagen und Biokraftstoffe für anhaltende Diskussionen (Stichwort Pachtpreise). In der Gesellschaft steht dagegen die Grundsatzfrage im Fokus, ob und wie weit es ethisch vertretbar ist, wertvolle Ackerflächen statt für die Nahrungsmittelproduktion zur Bioenergieerzeugung zu nutzen.

„No farmers, no food, no future."

Mit dieser Aussage brachte es Jervis Zimba,
Vizepräsident der World Farmers' Organisation,
beim Internationalen Wirtschaftspodium
des Global Forum for Food and Agriculture (GFFA)
in Berlin am 19. Januar 2013 auf den Punkt.

Die nachfolgende Zitatensammlung ist Spiegelbild der anhaltenden Diskussion um Ernährung und Hunger in der Welt.

„Der Friede in der Welt wird nicht nur durch Waffen bedroht, sondern ebenso durch Armut, Hunger und Tod in vielen Teilen der Welt."

Bundeskanzler Helmut Schmidt
in seiner Regierungserklärung
am 12. Oktober 1982

„Wer gegen den Hunger kämpft, der kämpft mit friedlichen Mitteln für eine friedlichere Welt."

Johannes Rau, Bundespräsident,
in der Rede zum Welternährungstag
am 16. Oktober 2001 in Rom

„Der Hunger in der Welt ist zunehmend ein politisches Problem."

Matthias Horx, Trend- und Zukunfts-
forscher, 2008

„Hunger nach Rendite ist groß."

FAZ 2008 zu den lukrativen Gewinnen
von Anlegern, die in Rohstoffe – vor
allem Agrarprodukte wie Getreide-
sorten – investiert hatten.

„Ackerland ist eine Anlageklasse mit Zukunft."

AGCO-Konzernchef Martin Richenhagen
2014

„An Bekenntnissen zur Bekämpfung des Hungers und der Armut auf der Welt herrscht kein Mangel; aber eingelöst sind die guten Vorsätze noch lange nicht. Die beste Hilfe sind faire Handelsbedingungen für die Entwicklungsländer, denn die ermöglichen es ihnen, wirtschaftlich und bei der Ernährung ihrer Bevölkerung auf eigenen Füßen zu stehen."

Bundespräsident Horst Köhler auf dem Deutschen Bauerntag 2007
in Bamberg

„Die Preissteigerungen am Agrarmarkt sind der notwendige Marktmechanismus, der dazu führt, dass mehr Land für die landwirtschaftliche Produktion freigesetzt wird."

Michael Lewis, Chef der Rohstoffanalyse der Deutschen Bank,
August 2008

„Solange die Weltbevölkerung sich nicht an die Grenzen des Wachstums hält, sind wir auf das Wachstum der Forschung angewiesen, um diese Weltbevölkerung ernähren zu können."

Roman Herzog, Bundespräsident (1994–1999) auf dem
Weltwirtschaftsforum am 28. Januar 1995 in Davos

„Die Ernährung für alle zu sichern und die notwendige Nahrung für die bis 2050 zusätzlichen rund drei Milliarden Menschen, vornehmlich in Entwicklungsländern, bereitzustellen, ist möglich, erfordert aber erhebliche Anstrengungen von Politik, Forschung, Wirtschaft und Zivilgesellschaft."

Franz Heidhues, Universität Stuttgart-Hohenheim, April 2008

„Leider wurden in der Vergangenheit bei der Entwicklung der Landwirtschaft viele Weichen falsch gestellt. Auch Europa war daran beteiligt, weite Teile der Landwirtschaft in den Entwicklungsländern auf Monokulturen für den Export umzustellen. Beispiel: Statt Maniok für den Eigenbedarf wurde Kakao für den Weltmarkt angebaut."

Bundespräsident Horst Köhler bei der Ernährungs- und Landwirtschaftsorganisation (FAO) der Vereinten Nationen anlässlich des Welternährungstages 2007

„Freuen Sie sich über steigende Preise? Alle Welt spricht über Rohstoffe – mit dem Agriculture Euro Fonds haben Sie die Möglichkeit, an der Wertentwicklung von sieben der wichtigsten Agrarrohstoffe zu partizipieren. Investition in etwas Greifbares."

Anlagewerbung der Deutschen Bank 2008

„Die Menschen können nicht nachvollziehen, dass Pflanzen zur Energiegewinnung angebaut werden, während in anderen Teilen der Erde Menschen verhungern."

Volker Pudel, Vorsitzender des Kuratoriums der Heinz Lohmann Stiftung 2008; nach einer Studie halten 61 Prozent der Befragten die weltweite Nutzung landwirtschaftlicher Flächen zum Anbau von Energiepflanzen für falsch, weil dadurch der Hunger zunimmt.

„Die Bauern diskutieren nicht ‚Teller oder Tank'. Wir können ‚Teller und Tank'."

Rainer Tietböhl, Präsident des Bauernverbandes Mecklenburg-Vorpommern

„Die Landwirtschaft wird, in erster Linie über Agrarrohstoffe, zunehmend zum Gegenstand von zum Teil hochspekulativen Aktivitäten auf den Finanzmärkten."

Friedhelm Stodieck, Der kritische Agrarbericht 2008

„Wir Amerikaner haben den Riesenfehler gemacht, als Hilfslieferungen einfach US-Überschüsse zu schicken, anstatt die regionale Landwirtschaft vor Ort zu fördern. Es bedarf also mehr als einer gentechnikfreundlichen Politik, damit alle Menschen ausreichend Nahrung haben."

Nina Fedoroff, Wissenschaftsberaterin der US-Regierung, 2009

„Die Land- und Forstwirtschaft in Europa ist eine Zukunfts- und Schlüsselbranche, die vielseitige Aufgaben für die Gesellschaft erfüllt. Vorrangig geht es dabei um die Erzeugung von Lebensmitteln für eine wachsende Weltbevölkerung."

Gerd Sonnleitner, Präsident des Europäischen Bauernverbandes (Copa) von 2011–2013

„Das Essen, das wir in Europa wegwerfen, würde zweimal reichen, um alle Hungernden zu ernähren."

Dokumentarfilm „Taste the waste", 2011

„Wir brauchen neue Innovationen, möglichst solche, die die Erfahrungen der industriellen und der ökologischen Landwirtschaft zum Besten zusammenführen ... Wie passt dieser schlimme Hunger damit zusammen, dass weltweit jedes Jahr ein Drittel der gesamten Nahrungsmittelproduktion weggeworfen wird oder verloren geht?"

Bundespräsident Christian Wulff bei Übergabe der Erntekrone am 4. Oktober 2011

„Wenn über 80 Prozent der unterversorgten und hungernden Menschen Bauern sind, dann kann etwas nicht stimmen mit der Entwicklungspolitik."

Bauernpräsident Gerd Sonnleitner 2010

> *„Der Kampf gegen den Hunger ist ohne eine nachhaltige und produktive Land- und Ernährungswirtschaft nicht zu gewinnen.“*
>
> José Graziano da Silva, Generaldirektor der Welternährungsorganisation (FAO), beim Weltagrarforum 2012 in Berlin

„Wir Menschen sind weder als Fleisch- noch als Pflanzenesser festgelegte Lebewesen, wir haben also die Wahl und damit auch eine moralische Pflicht zu entscheiden, womit wir uns ernähren. Angesichts einer Verdoppelung der Weltbevölkerung seit den 1960er Jahren wäre eine verantwortungsbewusste Ernährung das entscheidende Mittel, um Hungersnot auf Erden zu vermeiden.“

Ulrike Greb, Berufspädagogin, Universität Hamburg 2011

„30 Prozent aller Lebensmittel landen im Abfall, bevor sie verwendet werden. Gleichzeitig hungern weltweit 924 Millionen Menschen.“

Selina Juul (Dänemark), Initiatorin der Bewegung „Stop Wasting Food" 2010

„Jede Schülerin und jeder Schüler in unserem Land sollte wissen, wie viel Arbeit in der Landwirtschaft nötig ist, bevor Kartoffeln und Schnitzel auf den Teller liegen, und dass unzählige Tonnen von diesen kostbaren Nahrungsmitteln in den Industrieländern täglich im Müll landen. Das ist verwerflich im traurigsten Sinne des Wortes. Deshalb müssen wir unseren Schülerinnen und Schülern ein Bewusstsein für die Kostbarkeit dieser Dinge vermitteln und gleichzeitig ein Bewusstsein für die millionenfachen Opfer des Hungers auf der weiten Welt schaffen.“

Bundespräsident Joachim Gauck bei der Übergabe der Erntekrone am 12. Oktober 2012

„Entwicklungsländer, Schwellenländer und Industrieländer können nur gemeinsam Antworten auf die großen Zukunftsfragen der Welternährung finden. Viele fragen sich: Was sind Chancen und Risiken gentechnisch veränderter Pflanzen? Und wie sehen Regeln aus, die die Flächenkonkurrenz zwischen Trog, Tank und Teller, also zwischen der Herstellung von Futtermitteln, Pflanzen zur Energiegewinnung und Nahrungsmitteln in ein verantwortbares Maß bringen?“

„Bewusste Ernährung und verändertes Konsumverhalten haben weltweite Folgen: Die Hälfte des weltweit produzierten Getreides wird an Tiere verfüttert. Würde in den entwickelten Ländern nur drei Prozent weniger Fleisch gegessen, könnte man mit dem weniger benötigten Getreide etwa eine Milliarde Menschen ernähren. Auch dies ist ein Beitrag im Kampf gegen den Hunger.“

Bundespräsident Joachim Gauck am 14. Dezember 2012 zu ‚50 Jahre Welthungerhilfe'

„Warentermingeschäfte sind für die Ernährungsindustrie ein wichtiges Instrument zur Absicherung von Preisschwankungen bei Agrarrohstoffen.“

Bundesvereinigung der Deutschen Ernährungsindustrie im April 2011

„Wir müssen diesen Irrsinn, diese Spirale aus Hunger, Armut und Vernichtung unserer Lebensgrundlagen stoppen.“

Renate Künast 2003

»Wo leistungsfähige Landwirtschaft entsteht, nimmt der Hunger ab und Wohlstand wächst. Landwirtschaft braucht deshalb Forschung und Pflanzenzüchtung.“

Kartz von Kameke, Kuratoriumsmitglied der Gregor Mendel Stiftung, November 2009

„Bisher hat es die Menschheit – mit uns an der Spitze – nicht vermocht, im Rahmen der Tragfähigkeitsgrenzen der Erde auskömmlichen Wohlstand zu schaffen. Diese Riesenaufgabe harrt noch der Lösung. Aber gewisse Gestaltungsräume gibt es auch jetzt schon. So gibt es keinen Grund, warum in entwickelten Ländern ebenso viele Lebensmittel im Mülleimer landen, wie in ganz Afrika erzeugt werden. Das muss nicht sein.“

Meinhard Miegel, Sozialwissenschaftler, Bonn 2014

„Energie und Rohstoffe im globalen Wettbewerb."

Titel des Unternehmertags Lebensmittel in Köln am 18./19. März 2013

„Die Steigerung der Nahrungsmittelerzeugung, die zur Überwindung von Hunger und Unterernährung dringend erforderlich ist, wird nur gelingen, wenn zusätzliche private und öffentliche Investitionen mobilisiert werden. Nach Schätzungen der FAO ist ein jährliches Investitionsvolumen von 83 Mrd. $ erforderlich, damit die Agrarproduktion für die Versorgung der weltweit wachsenden Bevölkerung ausreicht."

Pressemitteilung der Bundesvereinigung der Deutschen Ernährungsindustrie (BVE), Januar 2013

„Die strategische Orientierung der landwirtschaftlichen Erzeugung auf den deregulierten Weltmarkt ist das politische Grundproblem. Denn die sozial und ökologisch blinden WTO-Regeln sind nicht auf die Sicherung der Welternährung gerichtet, sondern auf die Profite der Anlegerinnen und Anleger."

Kirsten Tackmann, agrarpolitische Sprecherin der Bundestagsfraktion „Die Linken", Januar 2013

„Ohne eine leistungsfähige, nachhaltige Landwirtschaft können wir den Hunger in der Welt nicht besiegen."

Bundeslandwirtschaftsminister Christian Schmidt auf der Konferenz der Frankfurter Allgemeinen Zeitung zur weltweiten Ernährungslage am 20. März 2014 in Berlin

„Der Hunger kann nicht effizient genug bekämpft werden, wenn man sich ausschließlich auf die heute bekannten natürlichen Zusammenhänge verlässt. Es bedarf einer kulturellen Verantwortung, die mit der Absicht verbunden ist, natürliche und kulturelle Interdependenzen optimal zu nutzen."

Hansjörg Küster, Buchautor „Am Anfang war das Korn", 2014

„Die Agrarwirtschaft wird eine Renaissance erleben. Nahrungsmittelproduktion, Agrarprodukte als Rohstofflieferanten oder Energieträger – weltweit hat der Verteilungskampf begonnen. Ob Deutschland mit seinem überragenden Know-how seine Vormachtstellung als Marktführer ausbauen kann, entscheidet sich in diesem Jahrzehnt."

Julian Voss, Professor für Food- und Agribusiness-Management an der PFH Private Hochschule Göttingen, 2014

159

15.
Moderne
Landwirtschaft –
Diskussion
zwischen Bauernhof
und Agrarfabrik

15.

Moderne Landwirtschaft – Diskussion zwischen Bauernhof und Agrarfabrik

Die aktuelle Diskussion über moderne Landwirtschaft bewegt die Gemüter und wird an gegensätzlichen Begriffen wie „bäuerlich" und „industriell" festgemacht. Dabei gibt es weder in der deutschen Gesetzgebung eine Größendefinition für bäuerliche Landwirtschaft, noch hat sich in der agrarökonomischen Literatur ein Grenzwert durchgesetzt, wie Prof. Dr. Stephan von Cramon-Taubadel von der Georg-August-Universität Göttingen festhält. Ulrich Kluge – Autor von „Agrarwirtschaft und ländliche Gesellschaft im 20. Jahrhundert" (2005) – kommt zu dem Schluss, dass die Diskussionen über die Bedeutung der Landwirtschaft und ihrer Träger kontrovers sind; weil sie *häufig nicht auf solider Kenntnis der komplizierten Zusammenhänge von Politik, Mensch und Natur* basieren.

Kritiker sehen den Spannungsbogen von einer stark industriell organisierten Agrarproduktion bis hin zu einer Landwirtschaft, in der die Aspekte des Umwelt- und Verbraucherschutzes mehr in den Vordergrund rücken. Die Sichtweise „industrielle contra bäuerliche Wirtschaftsweise" wurde nach der Wiedervereinigung noch verschärft: Auf der einen Seite stand die von LPG-Agrarstrukturen geprägte Landwirtschaft in den neuen Bundesländern, auf der anderen Seite die eher kleinflächige Landwirtschaft in den alten Bundesländern – eine große Herausforderung für eine gesamtdeutsche Agrarpolitik.

Mit seiner Forderung „*Weg von den Agrarfabriken*" (2001) wollte Bundeskanzler Gerhard Schröder eine veränderte Agrarpolitik, nachdem bereits BSE, MKS sowie Futter- und Lebensmittelskandale eine neue gesellschaftliche Diskussion über Nachhaltigkeit in der Land- und Ernährungswirtschaft ausgelöst hatten. Nicht nur Tierschützer beklagen immer mehr die intensive Massentierhaltung. Auch die vom Subventionssystem und der Politik ermöglichten europaweiten Tiertransporte stoßen auf Ablehnung.

Unter dem Slogan „Teller oder Tank" hat sich in den letzten Jahren ein weiteres Diskussionsfeld in der Landwirtschaft aufgetan. Die Europäische Union (EU) will sich von Biokraftstoffen aus Getreide verabschieden und kommt damit Forderungen zahlreicher Umweltverbände nach. Einem Gesetzentwurf zufolge sollen die Subventionen für Sprit aus Raps, Mais oder anderen Rohstoffen der Nahrungsmittelproduktion bis zum Ende des Jahrzehnts ganz gestrichen werden.

Auch das Thema „Pro und Contra Grüne Gentechnik" beherrscht die Agrarszene. Die Anwendung moderner Techniken in der landwirtschaftlichen Produktion – beispielsweise der Hormoneinsatz in der Rindermast oder der Anbau genetisch modifizierter Mais- und Sojasorten – ist umstritten. Die nachfolgend aufgeführten Zitate können nur einen kleinen Querschnitt der gesellschaftlichen Diskussion über die Entwicklung einer modernen Landwirtschaft vermitteln.

> *„Menschen, die direkten Kontakt zu Bauern hatten, verstehen die Umstände und haben damit mehr Verständnis für unseren Berufsstand und die Herausforderungen, denen wir uns täglich stellen."*
>
> Gerd Sonnleitner, Bayerischer Bauernpräsident, bei der Vorstellung der Kampagne „Landwirtschaft – von heute für morgen" am 30. März 2012

> *„Oberstes Ziel des deutschen Gentechnikrechts muss der Schutz von Mensch und Umwelt bleiben."*
>
> Bundespräsident Horst Köhler auf dem Deutschen Bauerntag 2007 in Bamberg

> *„Die hohe Wertschätzung der Verbraucher für die Landwirtschaft drückt aber auch Unbehagen aus. Zum Beispiel angesichts einer Tierhaltung, die Hühnern, Schweinen oder Rindern qualvolle Enge und lange Transporte zumutet und sie anfällig macht für Krankheiten."*
>
> Bundespräsident Horst Köhler bei Übergabe der Erntekrone 2007

> *„Wir Landwirte fühlen uns verpflichtet, für das von vielen Faktoren bestimmte Wohlbefinden unserer Tiere zu sorgen."*
>
> Resolution des Bayerischen Bauernverbandes an Bayerischen Ministerpräsidenten Horst Seehofer 2009

> *„Dass wir unseren Kindern hier Romantik statt Realität vermitteln, kann auch ein Hinweis sein, dass viele von uns sich eine andere Landwirtschaft wünschen."*
>
> Bundespräsident Horst Köhler bei der Verleihung des „Pro-Tier-Förderpreises für artgerechte Nutztierhaltung" der Allianz für Tiere in der Landwirtschaft, 22. Januar 2008

> *„Immer mehr Menschen in allen Bereichen der Gesellschaft wollen sich nicht länger mit den Zuständen in der industriellen Tierhaltung abfinden."*
>
> Friederike Schmitz, Universität Berlin, 2011

„*Der Kreis derer, die die Zukunft in einer bäuerlichen Landwirtschaft sehen, wird nicht nur mit Blick auf den Weltagrarbericht immer größer. Gleichzeitig verstärken aber auch die Verteidiger einer industriellen, auf Liberalisierung und Weltmarkt setzenden Landwirtschaft im Schulterschluss mit der Agrarindustrie und dem Bauernverband ihre Aktivitäten.*"

Friedhelm Stodieck, Der kritische Agrarbericht 2009

„*Das Aufzählen tatsächlicher und vermeintlicher Problemfelder wie … z. B. Bodenspekulation, industrielle Landwirtschaft, Antibiotika, Gentechnik und Massentierhaltung löst keine Probleme. Die pauschale, einseitige Verurteilung unserer modernen Land- und Ernährungswirtschaft noch weniger.*"

Gemeinsame Erklärung von Bundesvereinigung der Deutschen Ernährungsindustrie (BVE), Deutscher Bauernverband (DBV), Deutsche Landwirtschafts-Gesellschaft (DLG), Deutsche Gesellschaft für Internationale Zusammenarbeit (GIZ) und Ost-Ausschuss der deutschen Wirtschaft (OA) vom 22. Januar 2011

„*Unser Verhältnis zu Wirtschaft und Technik. Wir werden es uns auf die Dauer nicht leisten können, mit beidem so umzugehen wie bisher. Weder haben wir Anlass, die beiden Bereiche so absolut zu setzen, wie es im Überschwang vergangener Wohlstandsepochen mitunter der Fall war, noch können wir es uns auf die Dauer leisten, auf jene Kuh einzuprügeln, von deren Milch wir leben. Wir werden einfach ein realistischeres Verhältnis zu Wirtschaft und Technik entwickeln müssen, als es sich bisher im Hin und Her zwischen Technologiebegeisterung und Zivilisationskritik gezeigt hat.*"

Roman Herzog, Bundespräsident (1994–1999) bei seinem Amtsantritt am 1. Juli 1994 in Bonn

165

„Ich habe mich immer für den Aufbau einer stufenübergreifenden Branchenkommunikation eingesetzt, um damit in der hochemotionalen und zum Teil realitätsfernen Diskussion über moderne Landwirtschaft, Fleischerzeugung und Tierhaltung mehr Gehör zu finden."

Franz-Josef Möllers, 2012 nach 15-jähriger Präsidentenschaft beim Westfälisch-Lippischen Landwirtschaftsverband (WLV) in Münster

„Es ist nicht angemessen, die Nutztierhaltung einseitig und überzogen an den Pranger zu stellen, wie dies der BUND tut. Insbesondere muss der Einsatz von Antibiotika in der Human- und Haustiermedizin beleuchtet werden."

Bauernpräsident Gerd Sonnleitner zur Diskussion um Antibiotika-Resistenzen im Januar 2012

„Ein guter Tierhaltungsstandort Deutschland und ein guter Tierschutz gehören zusammen."

„Dafür darf man auch mal Dankeschön sagen."

Bundeskanzlerin Angela Merkel, die angesichts der zunehmenden Kritik an der intensiven Tierhaltung die Eigeninitiative der deutschen Bauern in Sachen Tierschutz im top agrar-Interview (Juli 2013) begrüßt, mit dem Zusatz, dass besserer Tierschutz für die Landwirte auch wirtschaftlich vertretbar sein müsse.

Wenn durch die Tierzucht nachweisbar Schädigungen wie Gelenkdeformationen, Bewegungsunfähigkeit oder Unfruchtbarkeit entstehen, ist das Qualzucht und muss verboten werden."

Kirsten Tackmann, agrarpolitische Sprecherin der Bundestagsfraktion „Die Linken", Januar 2013

„Standards, zum Beispiel für artgerechte Tierhaltung und den Einsatz von Antibiotika, müssen weiterhin festgelegt und laufend nach den neuesten wissenschaftlichen Erkenntnissen aktualisiert werden. Das ist kein leichtes Unterfangen, denn bei der Bewertung der Auswirkungen handelt es sich häufig um ethische Fragen, die von Menschen unterschiedlich eingeschätzt werden."

Stephan von Cramon-Taubadel, Göttingen 2011

„Der weitere Ausbau großer Tierställe in Niedersachsen ist nicht nur umstritten, sondern die Anlagen emittieren zunehmend Gerüche, Nährstoffe, Staub und Bioaerosole, die Gefahren für Mensch, Tier und Umwelt bedeuten können. Eine Politik, die auf den weiteren Zubau großer Intensivtierhaltungen abzielt, lehnt die Landesregierung in Übereinstimmung mit vielen Kommunen ab."

Niedersachsens Landwirtschaftsminister Christian Meyer am 23. November 2013

„Der konventionelle Schweinemäster trimmt seine Tiere unbarmherzig auf Wachstum, beim Biobauern dagegen toben die Tiere auf der Weide herum."

Der Spiegel, Januar 2013

„Entscheidend ist letztlich die Nachfrage auf dem Markt: Wenn die Verbraucher keine Lebensmittel kaufen, die auf der grünen Gentechnik beruhen, werden die Landwirte sie nicht anbauen."

Bundeskanzlerin Angela Merkel im top agrar-Interview (8/2013)

„Ich lebe auf dem Land und habe kein Problem mit großen Bauernhöfen. Es gibt durchaus Bereiche, in denen ein großer Betrieb die Lebensbedingungen für die Tiere sogar besser gestalten kann als ein kleiner. Probleme treten dann auf, wenn die Mechanismen eines industriellen Produktionsprozesses auf Tierhaltung angewandt werden."

Norbert Jürgens, Botaniker, Universität Hamburg 2011

„Der Minister zwingt uns, zwischen Streichelzoo und Agrarindustrie zu entscheiden. Das wollen wir nicht."

Werner Schwarz, Vize-Präsident des Deutschen Bauernverbandes zum geplanten Filtererlass für Schweineställe in vereinzelten Bundesländern, u.a. Schleswig-Holstein

„Mit der Initiative ‚Tierwohl' nehmen Landwirtschaft und Lebensmittelhandel die Anliegen der Verbraucher auf und entwickeln die Tierhaltung in deutschen Ställen weiter."

Bernhard Krüsken, Generalsekretär des Deutschen Bauernverbandes (DBV), März 2014

„Wer Billigfleisch kauft, nimmt Tierquälerei in Kauf. Ja, wir brauchen eine gesellschaftliche Diskussion darüber, was Fleisch kosten soll und darf."

Andrea Berg, Country Managerin von VIER PFOTEN, Wien 2014

„Wir wollen die Tiere künftig nicht mehr an die Ställe anpassen, sondern die Haltung an die Bedürfnisse der Tiere."

Christian Meyer, Niedersachsens Landwirtschaftsminister 2014

„Uns Tierhaltern geht es gut, wenn es auch unseren Tieren gut geht."

Werner Hilse, Präsident des Landvolks Niedersachsen 2014

„Es gibt keine Langzeitstudien über Risiken und Gefahrenpotential gentechnisch veränderter Nahrungs- und Futtermittel."

Interessengemeinschaft Zivilcourage Landshut

„Grüne Gentechnik passt weder in die heimische Natur noch in die kleinteilige bayerische Landwirtschaft."

Bayerns Umweltminister Marcel Huber, 2014

„Automatisierung und Vernetzung werden die Abläufe in der Landwirtschaft auf lange Sicht revolutionieren und für einen neuen Produktivitätsschub sorgen."

Joachim Hertzberg, Deutsches Forschungsinstitut für künstliche Intelligenz der Universität Osnabrück, 2014

„Ich halte die häufig anzutreffende Polarisierung zwischen der Initiative ‚Tierwohl' und dem Tierschutzsiegel für unsinnig, kontraproduktiv und vor allem von Partikularinteressen geleitet."

„Es gibt keinen eindeutigen Zusammenhang zwischen Betriebsgröße und dem realisierten Tier- und Umweltschutzniveau."

Harald Grethe (Universität Hohenheim), Vorsitzender vom Wissenschaftlichen Beirat für Agrarpolitik beim Bundeslandwirtschaftsministerium, der vor einer weiteren Entfremdung zwischen Landwirtschaft und Gesellschaft warnt.

„Meinungen, die ausschließlich die moderne Tierhaltung diffamieren und sich im Grundsatz von der heutigen Landwirtschaft distanzieren, tragen wir nicht mit."

Hans-Joachim Götz, Präsident des Bundesverbandes Praktizierender Tierärzte (bpt), 2014

„Bäuerliche Landwirtschaft in den Fokus zu stellen, darf nicht dazu führen, Gegensätze zwischen den Betrieben zu konstruieren. Gerade die Erfahrung der deutschen Wiedervereinigung hat gezeigt, dass eine erfolgreiche Landwirtschaft nichts mit der Betriebsgröße zu tun hat."

„Wer fordert, nur in kleinbäuerliche Landwirtschaft zu investieren, will die Armut zementieren."

Gerd Sonnleitner, UN-Sonderbotschafter für bäuerliche Familienbetriebe

„Wir müssen uns verstärkt am Dialog über die Landwirtschaft beteiligen und dürfen es nicht Umwelt- und Tierschutzorganisationen überlassen, das Bild der Landwirtschaft zu zeichnen."

Jürgen Paffen, Vorstand Agrargenossenschaft Weißensee e. G. (Thüringen)

Literaturquellen

Constantin Freiherr Heereman von Zuydtwyck: Ansprachen, Statements, Interviews, Vorträge und redaktionelle Beiträge der Jahre 1967 – 1997

Von Schorlemer bis Heereman, 125 Jahre Westfälischer Bauernverein – 50 Jahre Westfälisch-Lippischer Landwirtschaftsverband, Landwirtschaftsverlag Münster 1997

Constantin Freiherr Heereman von Zuydtwyck – Franz-Josef Budde, Gisbert Strotdrees, Bernd Haunfelder, Landwirtschaftsverlag Münster 1997

Blick durch die Wirtschaft, Beilage der FAZ (1972 – 2001)

Deutsche Bauernkorrespondenz – Monatsschrift des Deutschen Bauernverbandes, Jahrgänge 1970 – 2013

Ländlicher Raum, Zeitschrift der ASG, Jahrgänge 2002 – 2013

Landwirtschaftliches Wochenblatt Westfalen-Lippe, Jahrgänge 1960 – 2013

top agrar – Magazin für moderne Landwirtschaft, Jahrgänge 1978 – 2014

VDL-Journal, Foto-Archiv, Münster-Berlin

Gerhard Branstner: Der Esel als Amtmann oder Das Tier ist auch nur ein Mensch, Fischer Taschenbuch, Frankfurt 1969

Carl Brinitzer: Zwei Löffel Goethe – eine Prise Shaw. Kulinarisches literarisch. roro-Taschenbuch, Hamburg 1969

Duden: Zitate und Aussprüche. Herkunft und aktueller Gebrauch (Bd. 12), Dudenverlag, Berlin 1993

Rudolph Eisbrenner (Hrsg.): Das große Buch der Bauernweisheiten. 3.333 Sprichwörter, Redensarten und Wetterregeln, Avus Buch & Medien, Köln 2003

G. Fieguth (Hrsg.): Deutsche Aphorismen. Ein Vademecum der Weltweisheit, Reclam-Verlag, Stuttgart 1978

Richard Dobel: Lexikon der Goethe-Zitate, dtv, München 1995

Christel Foerster (Hrsg.): Klassisch gut: Goethe-Zitate, Buchverlag für die Frau, Leipzig 1999

Christian Diederich Hahn: Bauernweisheit unterm Mikroskop, Stalling-Verlag, Oldenburg-Berlin 1939

Harenberg Lexikon der Sprichwörter und Zitate (Hrsg. Brigitte Baier), Meyers Lexikon-Verlag, Berlin 1997

Oliver Hassencamp: Klipp & Klar. Gute und böse Gedanken, Verlag Langen-Müller, München 1977

Ernst R. Hauschka: Atemzüge, Aphorismen über uns selbst, Martin-Verlag Walter Berger, Buxheim 1980

Ernst R. Hauschka: Vom Sinn und Unsinn des Lesens, 100 Aphorismen, Verlag Michael Lassleben, Kallmünz 1992

Ernst R. Hauschka: Wetterzeichen, Aphorismen über das menschliche Leben. Martin-Verlag Walter Berger, Buxheim 1978

Hans H. Hinterhuber: Zitate für Manager. F.A.Z. Institut für Management-, Markt- und Medieninformationen GmbH, Frankfurt, Oktober 2011

Hanns-Hermann Kersten: Euphorismen & rosa Reime, dva, Stuttgart 1978

Ron Kritzfeld: Kleines Universal Flexikon, Band 5, 1978

Ron Kritzfeld: Aphorismen und aphoristische Definitionen, Ypsilon Verlag, Neustadt a. d. Aisch, 1981

Robert Matzek (Hrsg.): Trink und iß – die Liebe nicht vergiß! Sprichwörter und Reime über Essen und Trinken. Idee Verlag, Stuttgart 1979

Edmund Rehwinkel: Aphorismen und anderes zum Nachdenken, Becker Verlag, Uelzen 1977

Lutz Ribbe: Die Wende in der Landwirtschaft, Aus Politik und Zeitgeschichte B24/2001 (Beilage „Das Parlament", Berlin)

Eberhard Puntsch: Das große Handbuch der Zitate, Urania-Verlag, Freiburg 1997

Otto Rombach: Das was dich trägt, ruht in dir selbst, Betrachtungen, Einsichten und Begebenheiten, vva, Stuttgart 1979

Markus M. Ronner: Moment mal!, Benteli-Verlag, Bern 1977

Markus M. Ronner: Zitate-Lexikon des 20. Jahrhunderts, 2. Aufl., Orell Füssli Verlag, Zürich 2003

Klaus Sochatzky: Annotationen, Gegenreden gegen Reden und Gerede; Aphorismen, Rita G. Fischer Verlag , Frankfurt 1979

Gerhard Uhlenbruck/Hans-Horst Skupy (Hrsg.): Der Mensch und sein Arzt, 3.000 Aphorismen, Ott Verlag, Thun/Schweiz 1980

Gerhard Uhlenbruck: ...einFACH gesimpelt, Aphorismen, Verlag J. Stippak, Aachen 1979

Gerhard Uhlenbruck: Frust-Rationen, Verlag Josef Stippak, Aachen 1980

Edgar Jörg und Michael Schiff: Aalglatt bis Zwischenkredit, moderne verlags GmbH, München 1978

Hans-Horst Skupy: Aphorismen-abgeleitete Geistes-Blitze, Verlag Druck-Ring OHG, München 1975

Hans-Horst Skupy: Das große Handbuch der Zitate von A bis Z, Bassermann Verlag, München 2013

Siegfried und Inge Starck: Sokrates für Manager, Econ Verlag, München 1978

Siegfried und Inge Starck: Salomo für Manager, Econ Verlag, München 1980

Wolf-Dietmar und Ursula Unterweger: Alte Bauernweisheit. Für heute neu entdeckt, mit Bildern vom Lande, H. Stürtz-Verlag, Würzburg 1997

Ernst Günter Tange: Der boshafte Zitatenschatz, Eichborn Verlag, Frankfurt 1989

Wander, Karl Friedrich Wilhelm: Deutsches Sprichwörter-Lexicon, www.zeno.org, Leipzig 1867/1880

www.aphoristiker-archiv.de

Personenregister

Bundeslandwirtschaftsminister 1949 – 2013

Wilhelm Niklas (1949 – 1953)

Heinrich Lübke (1953 – 1959)

Werner Schwarz (1959 – 1965)

Hermann Höcherl (1965 – 1969)

Josef Ertl (1969 – 1982)

Björn Engholm
(kommissarisch 1982)

Josef Ertl (1982 – 1983)

Ignaz Kiechle (1983 – 1993)

Jochen Borchert (1993 – 1998)

Karl-Heinz Funke (1998 – 2001)

Renate Künast (2001 – 2005)

Jürgen Trittin
(kommissarisch 2005)

Horst Seehofer (2005 – 2008)

Ilse Aigner (2008 – 2013)

Hans-Peter Friedrich
(Dezember 2013 – Februar 2014)

Christian Schmidt
(seit 17. Februar 2014)

Präsidenten des Deutschen Bauernverbandes 1946 – 2013

Andreas Hermes (1946 – 1954)

Edmund Rehwinkel,
Fridolin Rothermel,
Otto Freiherr von Feury
(seit 1957),
Bernhard Bauknecht
(dreiköpfiges geschäftsführendes
Präsidentenkollegium von
1954 – 1959)

Edmund Rehwinkel (1959 – 1969)

Constantin Heereman von
Zuydtwyck (1969 – 1997)

Gerd Sonnleitner (1997 – 2012)

Joachim Rukwied (seit 2012)

EU-Kommissare
für Landwirtschaft und ländliche
Entwicklung

Sicco Mansholt, Niederlande
(1958 – 1972)

Carlo Scarascia-Mugnozza, Italien
(1972 – 1973)

Pierre Lardinois, Niederlande
(1973 – 1977)

Finn Olav Gundelach, Dänemark
(1977 – 1981)

Poul Dalsager, Dänemark
(1981 – 1985)

Frans Andriessen, Niederlande
(1985 – 1989)

Ray MacSharry, Irland
(1989 – 1993)

René Steichen, Luxemburg
(1993 – 1995)

Franz Fischler, Österreich
(1995 – 2004)

Mariann Fischer Boel, Dänemark
(2004 – 2010)

Dacian Cioloș, Rumänien (seit
2010 – 2014)

Präsidenten der
Bundesrepublik Deutschland

Theodor Heuss (1949 – 1959)

Heinrich Lübke (1959 – 1969)

Gustav Heinemann (1969 – 1974)

Walter Scheel (1974 – 1979)

Karl Carstens (1979 – 1984)

Richard von Weizsäcker
(1984 – 1994)

Roman Herzog (1994 – 1999)

Johannes Rau (1999 – 2004)

Horst Köhler (2004 – 2010)

Christian Wulff (2010 – 2012)

Joachim Gauck (seit 2012)

Bildnachweis

Titel:

Shotshop: Hintergrund und 2 Farbbilder

Wolfgang Schiffer: 4 Schwarz-Weißbilder

Inhalt:

Deutsche Presseagentur Hamburg/Düsseldorf: Seite12, 91

Digitalstock: Seite 114

Dr. Dieter Barth: Seite 45, 55, 79, 93, 95, 119, 123, 169

Facebook: Seite 72

Gipa-Press, Bonn: Seite 41

Humbold Universität Berlin: Seite 59

Landwirtschaftliches Wochenblatt Westfalen-Lippe: Seite 15, 29, 31, 49, 57, 61, 67, 83, 121, 129, 168

Presse- und Informationsamt der Bundesregierung: Seite 18, 21, 33, 71, 81, 96, 113, 145, 147, 148, 154, 157

Presseportal der AfD: Seite 47

Privat: Seite 167

Shotshop: Vorsatz, Seite 8, 22, 34, 50, 62, 68, 74, 86, 98, 106, 124, 130, 135, 137, 138, 150, 160

Thorsten Jander: Seite 136

top agrar – Das Magazin für moderne Landwirtschaft: Seite 27, 82

Universität Siegen: Seite 39

Verlag Zabert Sandmann/Jana Liebenstein: Seite 146

Impressum

LV·Buch
im Landwirtschaftsverlag GmbH, 48084 Münster

© Landwirtschaftsverlag GmbH, Münster-Hiltrup, 2014

Idee und Redaktion: Dr. Dieter Barth
Redaktionelle Beratung: Heinz-Günter Topüth
Korrektorat: Saskia Thiele
Gestaltung: Monika Wagenhäuser, LV·Buch
Druck: Westermann Druck Zwickau GmbH

ISBN 978-3-7843-5342-5